高等学校土木工程专业系列教材

工程地质实习指导书

姚爱军　李立云　编

中国建筑工业出版社

图书在版编目（CIP）数据

工程地质实习指导书/姚爱军，李立云编. —北京：
中国建筑工业出版社，2023.8
高等学校土木工程专业系列教材
ISBN 978-7-112-28743-7

Ⅰ. ①工… Ⅱ. ①姚… ②李… Ⅲ. ①工程地质-实
习-高等学校-教学参考资料 Ⅳ. ①P642

中国国家版本馆 CIP 数据核字（2023）第 088608 号

工程地质实习为土木工程和交通工程专业实践环节必修课。本书在分析北京市属高校土木工程和交通工程专业特点的基础上，对北京地区的工程地质条件及存在的工程地质问题进行了凝练，进而选择门头沟区三家店的实习线路和房山区周口店的实习线路进行了详述。通过这两条线路进行工程地质实习，掌握工程地质野外工作方法，印证、巩固和扩大课堂所讲的理论知识，达到理论联系实际，加强基本技能的训练。同时，本书亦包含工程地质勘察的相关内容，通过该部分内容的学习，学生将初步学会对一般建筑场地地质条件的分析及地基条件的评价，初步了解地基勘察的基本程序与方法，学会正确应用工程地质勘察成果。

* * *

责任编辑：李静伟 杨 允 吉万旺
责任校对：姜小莲

高等学校土木工程专业系列教材
工程地质实习指导书
姚爱军 李立云 编
*
中国建筑工业出版社出版、发行（北京海淀三里河路 9 号）
各地新华书店、建筑书店经销
霸州市顺浩图文科技发展有限公司制版
天津安泰印刷有限公司印刷
*
开本：787 毫米×1092 毫米 1/16 印张：8¼ 字数：203 千字
2023 年 9 月第一版 2023 年 9 月第一次印刷
定价：**35.00** 元
ISBN 978-7-112-28743-7
（41156）

前　言

“工程地质学”为土木工程专业和交通工程（土建）专业的基础课程，学生通过课堂学习了工程地质学的相关理论。为了进一步夯实所学理论，并增加学生对工程地质学的直观认识，需要学生进行系统的现场实习。因而，“工程地质实习”是一门必不可少的实践类必修课。

本书在编者多年教学和对许多参考文献精心研读，吸收其精华的基础上，对既有《工程地质实习指导书》（内部教材）进行扩充而成。本书编撰的目的是为土木工程专业和交通工程（土建）专业的学生提供指导，使其对北京门头沟地区和周口店地区的工程地质概况有所了解，进而在实习过程中做到有的放矢，有利于巩固对工程地质理论的理解。

本书内容由8章组成，其中，第1章主要介绍工程地质实习的意义和目标，对实习基地及实习内容进行概括描述。第2章主要介绍实习地区区域地质概况，通过阅读该部分内容，读者对本实习地区乃至北京市的区域地质情况会有所了解。第3章介绍基本的野外地质工作方法，包括三大岩类的野外观察和描述、地质罗盘的原理和使用、地质构造的测量、记录和描绘等。第4章为地质图的阅读，重点介绍岩层和地质构造在地质图上的特征以及如何阅读地质图上的信息。第5章介绍了两条工程地质野外实习路线——房山周口店实习路线和门头沟三家店—军庄实习路线，此两条路线为北京工业大学多年来的工程地质野外实习路线。第6章为建筑场地的岩土工程勘察，通过阅读实例使学生掌握工程地质勘察报告的内容、勘察方法、报告编写、报告使用。第7章对静力载荷试验和标准贯入试验两种常用的工程地质现场测试技术进行阐述，进而对隧道掘进中的不良地质探测技术——地质雷达技术和TRT技术进行了较为详细的介绍。第8章对工程地质实习报告的撰写进行了介绍，并在附件提供了模板。

本书编写过程中参考了大量的相关文献，由于篇幅限制，书后只列出了其中部分文献，在此对没有列出的相关文献作者一并表示感谢。

目　录

第1章

绪　论

1.1 工程地质实习的意义和目标

工程地质学是研究与工程有关的地质条件、地质问题的学科，是研究人类工程活动与地质环境相互作用的一门学科。地质环境影响工程建筑物的稳定性和正常使用，影响工程活动的安全。人类工程活动一定程度上会促使地质环境发生改变，进而呈现出各式各样的工程地质问题，如超量开采地下水导致的地面沉降问题、水库蓄水诱发地震问题、水库渗漏问题、边坡变形失稳问题等。作为地质学的重要分支，工程地质学的任务是基于地质分析法和力学分析法，把地质学原理应用于工程实际，其研究对象是复杂的地质体。

工程地质学是土木工程和交通工程（土建）专业的基础课程，工程地质实习是工程地质课程的重要组成部分，是土木工程和交通工程（土建）专业实践教学的重要环节，是课程的继续和补充。

通过工程地质实习，学生可以近距离观察地层岩性和地质构造，巩固工程地质理论课中的知识点，了解野外环境中岩浆岩、沉积岩和变质岩的存在状态及识别特征，进一步理解内外动力地质作用及其对我们生存环境的影响，明晰地质构造对工程建设的影响。

1.2 工程地质实习基地建设情况

经过北京工业大学工程地质教学团队 20 多年的现场踏勘，并在工程地质实习过程中对地质现象的不断完善，如今已经形成了 2 条较为稳定的工程地质实习路线。其中，三家店—军庄工程地质实习路线位于北京市门头沟区，邻近北京西六环，起始于门头沟三家店，结束于门头沟军庄，此条路线侧重于沉积岩、地质构造、边坡地质灾害等的观察和分析。房山周口店实习路线位于山口村—官地村附近，侧重于岩浆岩、变质岩的观察及识别。

1.3 工程地质实习的主要内容安排

1.3.1 实习目的与要求

1. 实习目的

通过实习过程中教师的讲解、同学们边观察、边操作、边讨论、边总结，印证、巩固和扩大课堂所讲的理论知识，达到理论联系实际的目的，加强基本技能的训练。初步学会对一般建筑场地地质条件的分析及地基条件的评价，同时通过实习初步了解地基勘察的基本程序与方法，学会正确应用工程地质勘察成果。

2. 实习要求

（1）通过三家店、周口店地区的野外地质教学实习，要求同学们对该地区地层、岩性、地质构造及地貌、第四纪沉积层，各种不良地质现象获得初步了解，并分析它们与建筑场地稳定性的关系，从而进行工程地质评价。

（2）通过建筑工地的参观，了解地基地质条件对建筑物基础类型、施工方法、施工条件的影响，了解不同建筑物基础类型的施工程序及基础的施工作业情况。

（3）通过工程地质现场测试的实习，掌握关于现场测试的一般方法，并学会测试资料的整理与分析，正确地应用于建筑工程设计。

（4）通过典型建筑场地工程地质勘察报告的分析，正确理解工程地质勘察报告的主要内容，学会正确使用工程地质勘察成果。

1.3.2 实习准备

1）野外教学实习不仅要理论联系实际，巩固与扩大课堂所学知识，还要培养学生的独立工作能力、科学工作态度与劳动观点。实习时正值酷暑炎热，既要翻山越岭，又要仔细认真地进行观察，比较劳累。要获得扎实的科学知识和技能，就要有刻苦钻研的学习精神，有认真负责和严肃的科学作风，有勇于克服困难的思想作风，这也是当今社会高素质工程技术人员应具备的优秀品质。因此，思想作风的培养是这次实习的重要课题，要切实遵守实习守则，保证实习计划顺利执行。

2）业务准备：在出发前必须反复阅读实习指导书的要求，并复习教材及课堂笔记。

3）实习用品：记录本、铅笔、橡皮、三角尺、米格纸、罗盘、地质锤、放大镜、卷尺、小刀等工具。

4）组织领导

（1）班干部在实习期间除应抓好一般思想工作外，还应协助指导老师做好实习中的各项工作。

（2）班长必须抓好实习用品的准备、安全管理，并督促同学遵守实习守则，领导督促班委及小组长的工作。

（3）学习委员或各实习小组必须密切配合教师，抓好实习的业务准备，反映同学的业务需求，并抓好实习作业及考查等工作。

（4）全班分成4～5小组、每组6～8人，设组长1人负责小组业务及安全问题。

1.3.3 实习内容

（1）地质罗盘的使用。

（2）岩层产状的测量。

（3）三大岩类的识别和描述。

（4）褶皱和断层等地质构造的特征和识别。

（5）地质剖面的绘制。

（6）边坡工程地质问题的分析及治理方案选择。

（7）工程地质现场测试及数据分析。

（8）工程地质勘察报告成果使用。

第2章

实习地区区域地质概况

北京位于华北平原的西北边缘，其地理坐标为北纬 39°08′～41°05′，东经 115°25′～117°30′。全市总面积 16807.8km^2，其中山区面积占总面积的 62%，平原面积占总面积的 38%。地形西北高，东南低，西部和北部为群山，山峰高程 1000～1500m，多数为中低山地形。地貌可分为西部山区、北部山区和东南平原三部分，西部山区属太行山山脉，贯穿房山区、门头沟区的西北部，最高峰为门头沟区境内的东灵山，海拔标高 2303m；北部山区属燕山山脉，横穿延庆、怀柔、密云、平谷的北部，通称军都山，最高山峰为延庆北部的大海坨山，海拔标高 2234m。东南平原由五大水系联合作用形成的洪冲积扇群构成，由山前向南、东南倾斜，山前海拔标高 60～80m，平原标高 20～60m，坡降 1‰～3‰，最低处在通州区南部的柴长屯一带，海拔标高 8～10m。

2.1 北京市区域地质

北京市位于北东向的太行山构造带东缘与东西向的燕山构造带南缘交接部位，处于中国东部规模巨大的北东向大兴安岭—太行山—武夷山重力梯度带中段与东西向燕山重力梯度带及华北平原重力高异常区的交汇部位，深、浅部的地质构造环境较为复杂。根据大地构造分区，大部分隶属于中朝准地台（I1），仅北缘部分属于大兴安岭—内蒙古褶皱系，如图 2.1 所示。从区域地质发展史看，中生代之前中朝准地台和内蒙古华力西晚期褶皱带具有截然不同的演化过程，前者经历了地台基底形成（Ar-Pt1）和地台盖层（Pt2＋3，Pz-T）发育两个主要阶段，后者一直处于地槽发育阶段；但自二叠纪晚期的构造运动使地槽褶皱回返并增置到地台北缘之后，二者一起进入中、新生代裂陷伸展的改造阶段。

中朝准地台和大兴安岭—内蒙古褶皱系的大地构造性质和演化历史不同，具有不同的沉积建造和岩浆建造。

中朝准地台具有典型的双层结构。组成基底的结晶岩系，其原岩沉积大致开始于 35 亿年前，结束于 18.5 亿～17 亿年前后。在太古宙和早元古代地质历史时期，经历了迁西、阜平、五台和吕梁-中岳四次主要构造运动的叠加和改造，相应形成了中基性火山岩、碎屑岩、黏土岩和中酸性岩浆喷发岩为主的四套变质岩系。中-上元古界由长城系、蓟县系和青白口系组成，以碳酸盐岩和碎屑岩为主，属燕山-太行坳拉槽沉积。古生界（包括三叠系）大范围面状分布，为典型的地台盖层沉积，寒武系—中奥陶统以海相碎屑岩和碳酸盐岩为主，上奥陶统至下石炭统缺失，中石炭统—三叠系以陆相碎屑岩为主，下部为海陆交互相沉积。侏罗—白垩系为断陷盆地沉积，发育一套陆相火山-沉积岩建造，中生代的燕山期花岗岩类相当发育。新生界为断陷盆地沉积，发育一套陆相砂泥质地层。第三纪玄武岩相当发育，第四纪玄武岩亦有分布。

大兴安岭—内蒙古褶皱系为华力西晚期褶皱带，带内志留—泥盆系和石炭—二叠系局部出露，前者为硬砂岩、绿岩及火山碎屑岩等建造，后者是中性火山岩和火山碎屑岩及复理石建造，为典型的地槽型沉积。二叠纪晚期的华力西运动使之褶皱回返，同时伴有大量的花岗岩岩浆侵入。侏罗—白垩纪强烈断陷，碎屑岩、火山岩和火山碎屑岩等广泛分布。

2.1.1 地层岩性

北京的地层发育比较齐全，除缺少震旦系、上奥陶统、志留系、泥盆系、下石炭统、三迭系及上白垩统外，其他地层都有发育，总厚度达 60000m 以上。岩石类型也很齐全，

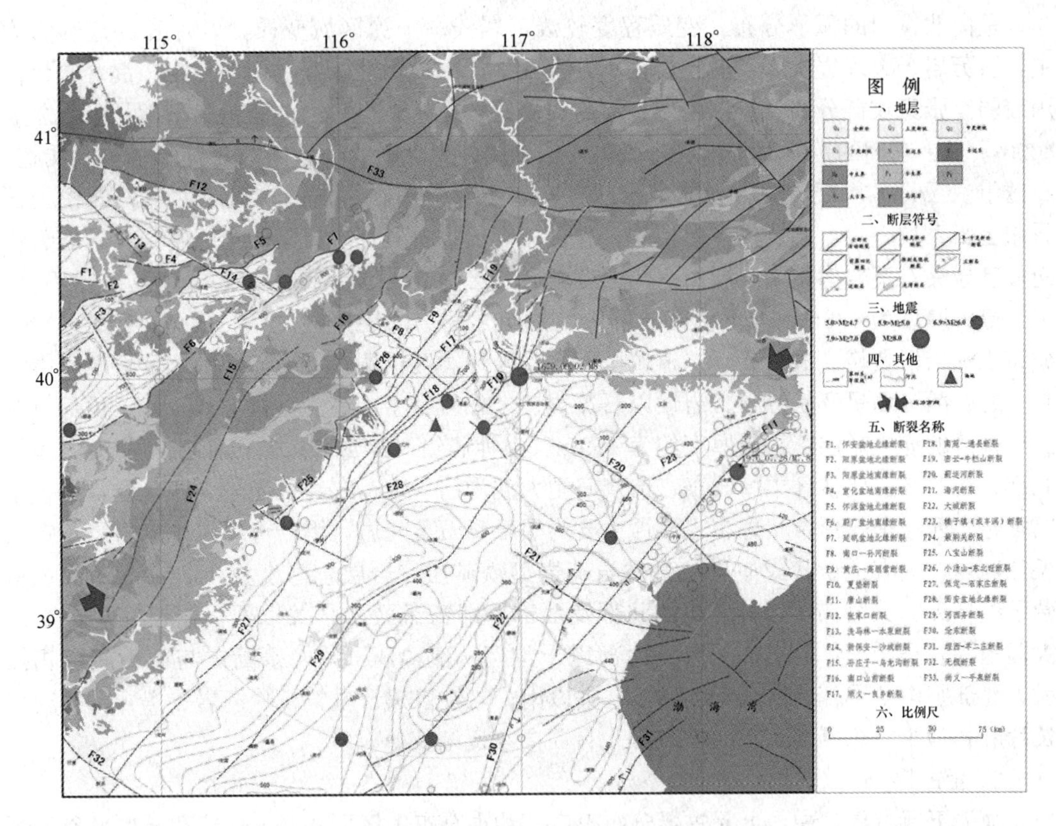

图 2.1 区域构造地质图（引自文献［15］）

包括各种沉积岩、变质岩和火成岩。大部分岩石出露在西部和北部山地，平原区则广泛分布着第四纪松散沉积物。

1. 太古界

太古界变质岩系主要分布在密云区和怀柔区东北部，延庆、昌平、平谷等区亦有零星分布。根据沉积建造、岩浆活动、变质程度及混合岩化等特征分为两个群共七个组。

（1）密云群（Army）的变质程度较深，以各种类型的片麻岩为主，并夹有麻粒岩、混合岩，主要分布于密云区北部及东部广大地区，为本区出露最老的地层，由老至新为沙厂组、大漕组、阳坡地组，从下到上变质程度由深变浅、混合岩化由强到弱，各组段之间均为连续过渡的接触关系。其中，沙厂组（Ars）分布于密云区墙子路、大城子、沙厂、穆家峪等地，其次在平谷区关上、万庄子，怀柔区，昌平区南口附近及延庆区红石湾等处也有零星出露；岩性以角闪斜长片麻岩、黑云斜长片麻岩为主，混合岩化发育，主要为阴影状、条带状，其次为星点状，出露总厚度约 17346m。大漕组（Ard）分布于沙厂以北、龙潭沟—沙岭子以南，包括东庄禾、太师屯、放马峪以西、上甸子、不老屯、石城以东一带；岩性以黑云斜长片麻岩为主，夹大量花岗片麻岩，角闪斜长片麻岩、角闪岩和斜长角闪岩等，且纵向和横向变化较稳定，出露厚度约 9734m。阳坡地组（Ary）分布于半城子—黄土坎以西、白马关—杨房子以南、冯家峪—赶河厂以东地区；岩性以黑云斜长片麻岩、角斜片麻岩为主。纵向变化较大，横向变化较小，厚约 4692m。

（2）张家坟群（Arzj）主要分布于密云西北部及怀柔中部地区，围绕云蒙山花岗岩体，呈向北突出的弧形分布。变质程度较浅，属浅、中深区域变质，以片岩、片麻岩为主，石英岩、大理岩次之，混合岩化不发育。地层的成层性较好，延伸稳定，混合岩化作用较弱。张家坟群分四个组，由老至新为石城组、椴树梁组、山神庙组、宋营子组，总厚8000余米。它们的走向为北东至北东东，从总体外观上看，似呈向西北倾斜的单斜构造。石城组（Arsh）围绕云蒙山岩体呈带状分布，主要分布在岩体的东侧及北侧，即密云区石城至张家坟一带，西侧仅零星出露；岩性以黑云母石英片岩、黑云角闪斜长片麻岩、花岗片麻岩夹石英岩为主，岩层由东向西变薄，与云蒙山岩体呈侵入接触，使其出露不全。出露最大厚度为486m，与下伏密云群阳坡地组之间为断层接触关系。椴树梁组（Ardn）分布于密云区贾峪、椴树梁、二道城至四合堂及怀柔区梧桐豪等地，即围绕云蒙山岩体的东、北、西三面呈环状分布；岩性以石英岩、大理岩为主，还夹有板岩和片岩，顶部夹有一层很薄的赤铁矿层，岩层厚度约为659m。山神庙组（Arss）主要分布在云蒙山岩体的北部、西北部，西从怀柔崎峰茶、琉璃庙至大北沟门一带，东经百庙子、四合堂，东止于冯家峪之西，呈弧形带状分布；岩性主要为黑云母石英片岩，黑云母斜长片麻岩及角闪斜长片麻岩，夹有透镜状或似层状磁铁石英岩型铁矿层，岩层总厚度为1631～5264m。宋营子组（Arsy）分布于山神庙组的北部及西部，即密云区白马关以西，榆树底至怀柔区大蒲地沟、马圈子、德田沟一带。西部以干沟门—琉璃庙—崎峰茶断层与山神庙组相接触，北部则由断层开始向东延续到白马关以南；岩性以黑云母斜长片麻岩、黑云母角闪斜长片麻岩为主，总厚度1519～1958m，自西向东逐渐变薄。

2. 元古界

缺失下元古界，中、上元古界分布很广，约占全市山区面积的1/3。密云、平谷、怀柔、昌平、延庆、门头沟和房山等区均有出露，其特点是在古老变质岩系之上发育的第一个盖层，是一套巨厚、完整的，没有变质的沉积岩系。底部、下部岩性以碎屑岩（砾岩、砂岩和页岩）为主，夹有白云质灰岩及火山岩（安山岩、玄武岩），中上部以化学岩（白云质灰岩、页岩等）为主，夹有少量的粉砂岩。

元古界下分三个系，发育完全，共分12个组26个段。其中，长城系（Zc）主要分布于昌平南口、密云及平谷区一带，延庆区的红旗甸、马蹄湾等地也有出露。本系下部以碎屑沉积岩为主，由石英岩、杂色页岩过渡到灰岩；中部为石英岩、硅质白云质灰岩夹安山熔岩及火山碎屑岩；上部为碳酸盐岩，构成两个显著的沉积旋回，共划分为5组11段：(1) 常州沟组（Zcc）主要由砾岩、长石石英砂岩及石英岩组成。底砾岩一般不稳定，在西部昌平、延庆区等地一般不发育，而在东部密云、平谷区一带就比较发育，尤其在密云区聂家峪、平谷区大华山一带最发育，厚度为8～13m。本组岩层厚度变化较大，可分三段。第一、二段，灰白，浅红色薄—厚层含长石，或长石石英砂岩，厚59～227m。第三段厚35～329m，下部为白色巨厚层石英岩及灰绿、灰色中层石英岩状砂岩，交错层发育、常具底砾岩；中部为紫、淡绿、灰黑、绿灰色薄—中层粉砂岩及细粒石英砂层，或呈互层，夹粗粒石英砂岩；上部为白、灰白或黄褐色厚层—巨厚层石英岩，有时会有褐铁矿斑点，并夹有石英砂岩。(2) 串岭沟组（Zcch）厚度为31～105m，下部为灰白、黄绿、灰黑色硅质页岩、白云质页岩、硅质粉砂岩，底部夹泥质白云岩透镜体；上部主要为灰黄、黄绿色硅质页岩或白云质页岩与黑绿色砂质页岩，偶夹泥质白云岩，底部为白灰色厚层石英岩及石英砂岩或细砂岩。(3) 团山子组（Zct）厚度76～356m，与下伏串岭沟组呈连续沉积。下部为灰白、灰色硅质白云质灰岩，夹白云质粉矿岩，粉砂岩中含泥质白云岩透镜体；中部为淡紫红色硅质白云岩与黄绿色页岩、紫色板岩、粉砂岩互层，白云岩有时具纹带及结核构造，上部为灰白、浅灰色中层硅质白云岩，有时含砂质。(4) 大洪峪组(Zcd) 厚 67～285m，与下伏团山子组呈假整合接触关系。下部为灰白、黄褐色中层粗粒石英砂岩、长石石英砂岩夹粉砂岩；中部以灰白、灰色中层硅质白云岩为主，上部为浅黄、灰白色石英岩、石英砂岩、粉砂岩、灰色硅质白云岩及泥质白云岩；顶部为灰、深灰色中—厚层硅质白云岩及白云质板岩。在密云区东智一带，底部出现一层安山岩。(5) 高于庄组 (Zcg) 与下伏大洪峪组呈假整合接触关系，根据岩性特征，可分四段。第一段：灰白、浅灰、灰黑色厚—巨厚层硅质白云岩，含燧石条带，底部为白色厚层石英砂岩，厚 45～290m。第二段：灰白、灰、灰黑色板状硅质含锰白云岩与中层硅质含锰白云岩互层，夹巨厚层硅质含锰白云岩，底部为含锰页岩。第三段：灰白、灰黑色薄—中层白云岩，常呈页片状、板状，局部纹带构造发育，厚 111～393m。第四段：浅灰、灰色中—厚层硅质白云岩和白云岩，含燧石团块及稀疏的燧石条带，夹含沥青质白云岩，厚 134～481m。

蓟县系 (Zj) 分布较长城系广泛，除蓟县地区发育较好外，平谷区、密云区、怀柔区、昌平区、延庆区和房山区一带出露较全，门头沟区显著变薄。以一套巨厚的碳酸盐岩沉积为主，夹少量砂质页岩。根据岩性特征分为四组：(1) 杨庄组 (Zjy) 厚 29～81m，与下伏高于庄组呈假整合接触关系。底部为白云质石英砂岩及砂质白云岩，有时见紫色泥质页岩、燧石团块白云岩及紫红色巨厚层白云岩；下部及中部为浅灰、浅紫红色含砂泥质白云岩及含砂白云岩，会红、紫红、绿、黑及白色等彩色燧石，彩色燧石呈块状或透镜体状；上部为土黄色白云质砂岩、石英砂岩与青灰色结晶白云岩，后者含黑色燧石团块。在密云、平谷区见有底砾岩存在，故以此面作为长城系与蓟县系的分界面。(2) 雾迷山组(Zjw) 厚 204～3315m，与下伏杨庄组呈整合接触，是元古界中沉积最厚的一组。该组以巨厚层燧石条带或团块状白云岩为主，岩性均一，分布广泛，最大特点是含白云质灰岩增多，所含的条带也增多，常呈细而密的纹带状规则的平行于层面排列。(3) 洪水庄组(Zjh) 岩层一般厚 38～142m，以黑色页岩和含白云质页岩为主，有时夹白云岩透镜体。含砂岩质较多，有时见黄铁矿晶体，有的地区变质成为板岩或千枚岩。岩层岩性稳定，与上覆、下伏地层岩性不同，地貌上呈负地形为良好标志；与上、下地层均呈过渡关系，故其顶、底部时而出现白云岩夹层或透镜体。(4) 铁岭组 (Zjt) 岩性稳定、沉积厚度变化不大，按岩性特征可分为两段：下段厚 43～231m，底部为绿、浅灰、灰紫色页岩夹薄层灰质白云岩，有时为浅灰色燧石条带白云质灰岩与页岩互层；下部为浅灰色中—厚层灰质白云岩；上部为浅灰、灰色含燧石条带和燧石结核的灰质白云岩，夹含锰灰质白云岩及页岩；顶部为黑、绿色页岩，夹黄褐色含铁石英砂岩及鲕状赤铁矿，有时为褐紫色含锰灰岩。上段厚 39～252m，下部为灰白、浅灰、灰黑色灰岩、白云质灰岩，含燧石团块或硅质条带；中部为灰白、青灰色厚层白云质灰岩，有时含泥质条带灰岩；上部为灰色薄层、部分为厚层白云质灰岩，含燧石团块及迭层石。

青白口系 (Zq) 零星分布于密云区北白岩至太子务、怀柔区兴隆城、黄花城、延庆区四海、三岔口、昌平区十三陵、房山区周口店西，以及门头沟区青白口及四台子等地发育最好。下分三组：(1) 下马岭组 (Zqx)，本组特点为浅海相灰色、黑色、黄绿色粉砂岩—页岩组成频繁、明显的沉积韵律，岩性变化较稳定。沉积厚度116～458m，由东向西有逐渐增厚的趋势，青白口以北最厚。在下马岭村附近的太子墓、芹峪一带与下伏铁岭组呈明显不整合接触，顶部曾受不同程度的剥蚀。（2）长龙山组（Zqc）厚20～191m，与下马岭组呈假整合接触关系。底部为含砾粗石英砂岩；下、中部为灰白色薄—厚层石英砂岩（局部为长石石英砂岩），夹黄绿色页岩及粉砂岩，交错层理发育；上部为黄褐、灰绿色薄—中层含砾铁质石英砂岩及石英砂岩与粉砂岩互层含海绿石；顶部为暗紫、灰绿及黄绿色页岩。（3）景儿峪组（Zgj）厚76～204m，与下伏长龙山组呈整合接触。底部石英粗砂岩（含灰岩角砾），呈现沉积间断特点；下部为灰色中—厚灰层岩或白云质灰岩；中部为黄绿色薄层泥灰岩或白云质泥灰岩夹灰色灰岩透镜体；上部为灰白、灰黄、紫红、黄绿色薄层板状泥灰岩、白云质泥灰岩，致密细腻，具有泥质条带及缝合线构造。

3. 下古生界

下古生界广泛分布于北京西山地区，北山和东北山区则只有零星分布。西山门头沟区有三处出露，即：下苇甸一带及其以东地区，组成下苇甸穹隆构造及九龙山向斜的北翼；苇子水、太子墓、青白口、双石头、李家庄一线，呈北东向带状分布；灵山东部椴水沟一带。房山区亦有三处出露，即：周口店西、黄山店、银水沟、南窖、磁家务，呈马蹄形，组成北岭向斜的翼部；煤岭之北，晓幼营西的谷积山背斜；蒲洼、长操到东庄子一带，东与谷积山背斜寒武系奥陶系相连，南与北岭向斜下古生界衔接，大体呈北东向分布。北山地区寒武系出露很少，零星分布在昌平区文殊峪、怀柔区九渡河、河防口、二道关、延庆珍珠泉以及密云区西智等地，且中、上寒武统多缺失或不全。京东顺义区二十里长山也有零星露头。

下古生界岩性基本稳定，厚度不大，化石不够丰富，代表一种典型的稳定浅海沉积。与华北广大地区一样，本区只有寒武系和中、下奥陶统，上奥陶统及志留系都不存在。下古生界主要岩性为砂岩、页岩、豹皮灰岩、泥质条带灰岩、竹叶状灰岩、鲕状（鱼子状）灰岩和纯厚石灰岩等，总厚1600余米。

寒武系（$\in$）下分三个统，其中，下寒武统（$\in_1$）分为三个组，自下而上分别为：（1）昌平组（$\in_{1ch}$）（或称府君山组（$\in_{1f}$）），主要由豹皮灰岩、白云质灰岩及白云岩等碳酸盐岩石组成，岩性横向变化较大；但在苇子水、青白口、四马台、庄户台一线以西，岩性相当简单，白云岩占绝对优势，北山地区的特点与西山相似，但石灰岩的比例大大增加，可达40%。昌平组厚度变化较大，最厚可达95m，最薄仅13.5m。北山厚度较大，一般为50～90m；西山厚度较小，一般为40～60m。本组与下伏地层景儿峪组之间为平行不整合的关系，两组之间可见波状起伏的接触面，但岩层产状均一致。（2）馒头—毛庄组（$\in_{1m+m0}$）厚50～185m，与昌平组（府君山组）为整合接触，但局部有沉积间断。房山区南窖可见到底砾岩。下部为角砾状泥灰岩，含角砾泥灰岩；中部为紫红色页岩夹砂质页岩，泥质白云岩与白云质灰岩；上部为紫红色砂质页岩、页岩及绿色页岩，夹薄层细粒结晶灰岩。房山东部和中部地区因受区域浅变质作用，岩性为千枚岩、板岩夹白云质大理岩等。中寒武统（$\in_2$）下分两组，自下而上分别为：（1）徐庄组（$\in_{2x}$），以鲕状灰岩为主，可划分为5个沉积韵律。每个韵律起始于细砂岩，经鲕状灰岩与细砂岩或泥质条带灰岩互层，到大量的巨厚层鲕状灰岩出现结束。（2）张夏组（$\in_{2z}$），下部以泥质条带泥灰岩夹页岩为主，有部分鲕状灰岩；上部则以巨厚层鲕状灰岩为主，组成一个沉积旋回。

其中下部又可细分为四个韵律，每个韵律起始于页岩，随之钙质增高，出现泥质条带泥灰岩与页岩互层，韵律之末出现了鲕状灰岩与泥质条带灰岩互层。上寒武统（$\in_3$）主要分布于西山地区，北山则多遭剥蚀，甚至可能没有沉积。以京西下苇甸、丁家滩剖面为代表，下分三个组，自下而上是：（1）崮山组（$\in_{3g}$）下部为灰色泥质条带灰岩、鲕状灰岩、条带状结晶灰岩夹竹叶状灰岩；上部为紫红色粉砂质条带灰岩、鲕状灰岩、结晶灰岩、泥质条带灰岩夹竹叶状灰岩及少许钙质黏土岩。（2）长山组（$\in_{3c}$）以绿灰色泥灰岩、浅灰色泥质条带灰岩及竹叶状灰岩为主。下部有时夹少许灰绿色钙质黏土岩；底部为浅玫瑰色细晶白云岩夹竹叶状灰岩，竹叶状砾石，具有紫红色氧化圈。（3）风山组（$\in_{3f}$）上部为灰色中层含白云质灰岩、厚层泥质带灰岩夹竹叶状灰岩及黑灰色薄板状灰岩；下部为灰色巨厚层泥质条带灰岩，局部含白云质，夹大量竹叶状灰岩；底部见紫红色含云母铁质条带。

北京奥陶系只有下奥陶统和中奥陶统，缺上奥陶统。下奥陶统（O_1）与下伏岩层（风山组）呈整合接触关系，可划分两组，自下而上是：（1）冶里组（O_{1y}）厚度在46～93m，西山的东南部及西部地区厚度显著变薄。下部以浅灰、灰白色巨厚层细晶灰岩为主，其底部为花斑状白云石化微晶灰岩；上部为深灰、灰黑色中—厚层灰岩，夹浅黄色含白云质条纹灰岩、竹叶状灰岩及钙质页岩。（2）亮甲山组（O_{1l}）厚度168～252m，一般厚200m左右，西山的西部及东南部变薄。下部为灰黑色厚层—巨厚层含燧石条带或团块灰岩夹中层泥质条纹灰岩、竹叶状灰岩及少量白云质灰岩、页岩；上部以灰、黑色中层白云岩、含灰质白云岩、黏土质白云岩为主，普遍含燧石团块或燧石条带，其上多为玫瑰色燧石，其下多为黑色燧石，顶部白云岩局部为角砾状。中奥陶统（O_2）广泛分布于西山，如双石头、青白口、苇子水一带，蒲洼、长操北、鲁家滩一带，呈北东向带状分布，在下苇甸、灰峪及周口店西、南窖、磁家务、晓幼营一带也有分布。此外，京东二十里长山也有零星出露。本统中部普遍发育一层角砾状灰岩，据此可分为下马家沟组和上马家沟组，每组各构成一个明显的沉积韵律。韵律下部为角砾状灰岩；中部则以灰岩和豹皮灰岩为主；上部为白云质灰岩与深灰色灰岩互层。（1）下马家沟组（O_{2x}）一般厚200m，色树坟厚222m，柳林子、千军台、色树坟至南辛房一带厚度较大，向东向西变薄，向南显著变薄为80～125m。（2）上马家沟组（O_{2s}）厚度以柳林子、千军台至南辛房一带较大，向四周剥蚀程度增加，厚度较薄，西部双石头等地全部被剥蚀而缺失。色树坟厚182m，一般厚约200m。

4. 上古生界

北京上古生界包括中石炭统（本溪组）、上石炭统（太原组）、下二迭统（山西组、红庙岭组）、上二迭统（双泉组）。主要分布在西山，如百花山、髫髻山南坡，九龙山及香峪大梁周围、周口店猫耳山一带，淤白及瓦窖附近也有零星出露，还有金鸡台、大安山等处。它的分布基本上与奥陶系分布区相同，仅在庙安岭、髫髻山和妙峰山以北被侏罗系掩盖，未见出露。此外，在京东二十里长山钻孔中亦见晚古生代地层。沉积特点表现为从中石炭统海陆交替逐渐过渡到陆相沉积，主要岩石有砾岩、砂岩、页岩、泥灰岩及煤层。

中石炭统本溪组（C_{2b}）与下伏奥陶系呈平行不整合接触。以海相灰绿色页岩为主，局部夹砂岩含砾，往往夹有煤线1～2层，一般不可采；中上部夹有泥灰岩1～4层；底部普遍见有红色风化壳，常见有底砾岩和鸡窝状“山西式铁矿”。下部泥质岩区域性变质作用较明显，岩石中含有大量的硬绿泥石晶体和少许的绢云母，靠近底部变质成绿泥石角岩。本组岩性较稳定，但厚度变化较大，为40～85m。

上石炭统太原组（C_{3t}）属海陆交互相，以灰黑、黑色粉砂岩、页岩为主，夹有细砂岩、薄层泥灰岩1～2层，泥灰岩中有海相动物化石纺锤虫、厚壁珊瑚及海百合茎等；上部夹有砾岩透镜体。本组与下伏本溪组呈连续沉积，以一层灰色硬砂岩与本溪组分界。该砂岩具有交错层理和波状层理，富含铁质，风化后呈黄褐色，有时相变为砾岩，在王平村至潘涧沟一带为细砂岩和粉砂岩。在房山区车厂一带变质较深，砂岩变质为石榴子石、绢云母板岩，粉砂岩变质为绢云母板岩、红柱石板岩，煤层变质为石墨、鳞片状石墨。

二迭系（P）主要分布于北京西山，如百花山、髫髻山南坡、九龙山及香峪大梁的周围，以及猫耳山一带，此外在京东二十里长山钻孔中见有下统。下二迭统（P_1）分为山西组和红庙岭组。山西组（P_{1s}）与下伏太原组呈整合接触，厚度变化较大，大约79～321m，以杨家屯一带最厚，可达321m，向四周均变薄。陆相碎屑岩发育，下部主要为深灰色粉砂岩、灰色细砂岩夹灰黑色黏土岩、灰色硬砂岩及1～4层砾岩，砂岩中常含钙质结核。上部以灰色粉砂岩和灰绿色砂岩互层为主，有时夹砾岩透镜体，潘涧沟至大安山一带岩性较粗，为砂岩和薄层砾岩互层。底部常有一层灰白色厚层砾岩，砾石成分以石英岩为主，燧石次之，砾径一般0.5cm左右，厚1～10m。底砾岩为灰色，一般厚3～10m，较稳定，与下伏地层间有冲刷面，砾石成分主要为燧石和石英岩；在岭上砾石成分有火成岩和泥质岩块，砾岩为灰紫色；在安家滩燧石成分增多，木城涧矿以西砾石为硅质灰岩。红庙岭组（P_{1h}）与下伏地层一般呈连续沉积，主要为肉红、砖红色或浅绿色石英砂岩，夹粉红、暗紫色细砂岩、叶腊石化页岩、底部为肉红色、灰白色粗石英砂岩，常含石英岩细砾石，有时相变为砂砾岩或砾岩。在红山口的本组中夹有灰色页岩和红柱石角岩，页岩中产有轮叶类、羊齿类和芦木化石等植物化石。红庙岭组厚20～176m，总的趋势是东厚西薄。

上二迭统双泉组（P_{2s}）主要为灰绿、紫色凝灰质板岩和粉砂岩，中间常夹一层厚5～8m的灰白、绿灰色砾岩和砂岩。下部为灰绿、紫色板岩及粉砂岩互层，常含凝灰质；近底部普遍有一层暗紫色叶腊石化页岩，可作标志层，其下以一层石英砂岩或含砾粗砂岩（如赵家台）与红庙岭组分界，呈整合接触。含砾粗砂岩底部可见凹凸不平的冲刷面。本组厚30～318m，横向变化大，总的趋势是东厚西薄。

5. 中生界

北京的中生界只有侏罗系和下白垩统，全为陆相地层；具有多次的火山喷发，形成了巨厚的火山岩系，地层间的不整合关系较多，反映了地壳经历多次剧烈的运动。

中生界在北京市分布较广，构成各主要向斜构造的核部，主要出现地区有西山区的百花山、庙安岭、髫髻山一带，九龙山、香峪大梁一带和北岭、大灰厂、八宝山一带。除八宝山一带为零星分布外，其余均是带状或封闭的环带状分布，沿北东方向大片出露，成为本区中生界发育最完全的地段。北山区的长峪城、永宁、四海一带，延庆、永宁、千家店一带和昌平、怀柔一带。本区中生界呈断续的不规则状或带状，多沿北东方向分布，岩层以火山岩系为主，出露面积仅次于西山地区。此外，在东部还有小面积或零星出露，如密云的曹家路、古北口一带，顺义木林东北。在中生界中，侏罗系的分布较下白垩统远为广泛。

北京平原区基岩分布：下侏罗统分布于顺义区牛栏山东南及大孙各庄一带。中侏罗统在城区及海淀区清河、昌平区、朝阳区来广营、顺义区南法信及怀柔区年丰等地也有分布。上侏罗统在平原区仅见于城区中山公园钻孔，其下部是一套杂色凝灰岩、凝灰质砂岩，上部为棕红色砂砾岩及泥岩。下白垩统在平原内见于中山公园、朝阳区姚家园、酒仙桥、良乡及海淀区八里庄等地钻孔内，尤以中山公园剖面较为完整，总厚500余米。

侏罗系下、中统门头沟群（J_{1-2}）主要分布于西山，出露于髫髻山、百花山，如大台、大安山及斋堂等地，环绕九龙山、香峪大梁及猫耳山也有分布。北部山区缺失。京东龙庭侯一带钻孔中亦见到该群部分地层。从老到新共划分为4个组：（1）杏石口组（J_{1x}）分布于门头沟区潭柘寺、大峪至石景山区八大处一线，另外在八宝山附近、南庄、上庄一带，以及温泉西南等地也有出露。岩性为灰黑、土黄色页岩，粉砂质页岩（有的变质为褐黄色板岩）和灰、灰黑色粉砂岩、砂岩互层，有时亦夹砾岩和煤线，底部为砾岩且有一层砾岩或砂岩与双泉组分界。岩石普遍遭受变质，常见白云母及硬绿泥石晶体。在千军台、黑阴沟以西，含硬绿泥石晶体更为普遍。本组岩层厚度较薄，变化很大，有的地方缺失。底砾岩呈黄绿色，砾石成分为石英岩及石英砂岩，次棱角状，分选不好。本组与下伏地层呈平行不整合接触，在大安山、抱儿水（宝水）则超覆在红庙岭组上呈假整合接触。（2）南大岭组（J_{1n}）为深绿、灰绿、褐紫色致密块状玄武岩，夹灰白色凝灰岩、暗紫、土黄色页岩及火山凝灰角砾岩、砂岩等。玄武岩中气孔和杏仁构造发育，充填物有石英、方解石、蛋白石、绿帘石等，柱状节理发育，球状风化明显。底部一般可见复成分砾岩，砾石成分主要为石英岩，其次有凝灰质砂岩、凝灰岩及熔岩等，其厚度变化较大。主要分布于京西，厚度横向变化较大，九龙山—香峪大梁向斜之南北两翼最为发育。本组与下伏地层呈假整合接触，在清水附近超覆在中石炭统紫红色泥岩之上，呈不整合接触。（3）窑坡组（J_{1y}）为京西侏罗纪煤田的主要含煤地层，但在卧佛寺一带仅见煤线。本组除房山东部和顺义区东南部龙庭侯地区外，均沉积于南大岭组玄武岩之上，底界清楚。窑坡组均属陆相沉积，以细碎屑岩为主（65%以上），粗碎屑岩则为少量。在空间上，九龙山向斜区（城子、门头沟矿区）粒度较细，而髫髻山向斜区（千军台、大台）较粗，至北岭向斜区更粗甚至可见细砾岩。（4）龙门组（J_{2l}）韵律性较明显，砾岩层数变化较大，不易对比，但底砾岩普遍发育，底砾岩中砾石成分复杂，分选性差，磨圆度中等，接触式胶结，胶结物为铁质、绿泥石和绢云母。本组岩性和厚度横向变化较为显著。在九龙山和香峪大梁一带，以粉砂岩和砂岩为主，夹多层砾岩；九龙山南坡厚度较大，向东、向北变薄，在卧佛寺及琉璃渠以东，分别为九龙山组所超覆。在髫髻山、百花山一带厚度较薄，岩性稍粗，以砂岩为主；在百花山南坡及斋堂以西变薄，并为髫髻山组所超覆。在猫耳山一带本组较为发育，厚度也较大，岩性较细，页岩较多，含薄煤层，局部可采。在百花山—髫髻山向斜两翼呈北东向断续分布；在九龙山向斜南翼较北翼发育；在北岭向斜呈环带状分布。本组与下伏窑坡组呈假整合接触，在青白口附近超覆在寒武系、奥陶系之上，呈角度不整合接触。

侏罗系中统（J_2）为一套火山岩系，可划分为三组：下部九龙山组，为一套含火山物质的沉积碎屑岩；中部髫髻山组，以中性为主的火山熔岩及其集块岩、角砾岩与火山碎屑岩互层；上部后城组以沉积碎屑岩（碎屑中含大量的中性火山岩）为主，夹大量中基性熔岩，局部含劣质煤层。本统在西山缺失后城组，北山则缺失九龙山组。

（1）九龙山组（J_{2j}）出露于京西百花山、髫髻山南北坡，在妙峰山、九龙山、香峪大梁、猫耳山等地也有分布。下部以灰白、灰绿、黑灰色凝灰质砂岩为主，夹粉砂岩及砾岩。底部砾岩普遍发育，砾石成分较复杂，主要有石英岩、石英砂岩、燧石、花岗岩、长石及粉砂岩等，并见下伏地层的砾石，砾石磨圆度尚好，分选性差；中部以紫红、灰绿色凝灰质细砂岩、粉砂岩为主，夹多层砾岩、含砾粗砂岩及页岩；上部为紫红色凝灰质砂岩、凝灰质粉砂泥岩及凝灰质粉砂岩，夹含砾火山岩屑砂岩。岩性、厚度变化均较大，与下伏地层呈假整合或角度不整合关系，并超覆在不同时代的老地层上。

（2）髫髻山组（J_{2t}）在北山主要分布于延庆区四海向斜核部至怀柔区汤河口一带，又称四海组。在昌平十三陵水库两侧，延庆区二道河至罗家台，密云区新城子、大树洼、龙潭沟一带，怀柔区峪口、龙各庄等地均有零星出露。西山分布面积较广，大面积分布于妙峰山、髫髻山、百花山及灵山一带，呈近北东向带状分布；大灰厂附近也有零星出露。本组常构成向斜核部，形成高山，岩性主要为中性火山熔岩、火山碎屑岩及沉积粗碎屑岩，横向变化较大。与下伏地层九龙山组呈不整合或假整合接触关系，与九龙山组以前地层则均为不整合接触。

（3）后城组（J_{2h}）主要分布于延庆区永宁、大观头北部、白河堡以东从柏木井、佛爷顶到千家店、花盆一带。岩性以沉积碎屑岩为主，夹少量中性熔岩。下部为含角砾凝灰岩夹凝灰质砂岩及钙质粉砂岩；中部为紫红、灰绿色凝灰质粉砂岩、细砂岩、砂岩，夹安山岩、玄武岩、砾岩及黑色页岩，含叶肢介及硅化木化石，上部为紫色凝灰质砂岩、角砾岩。在五里坡与髫髻山组无直接接触关系，与较老岩层呈不整合接触。

侏罗系上统（J_3）分为三个组，自下而上是东岭台组、大灰厂组和辛庄组。（1）东岭台组（J_{3d}）在北山主要分布在岔道至小张家口及前平房等地。门头沟区张家庄、杜家庄、东岭台村及碾台村一带也有出露。此外，昌平区长峪城、小汤山、九里山也有零星分布。岩性以紫灰、灰紫、灰绿色流纹岩、流纹质凝灰岩、含角砾凝灰岩、凝灰角砾岩为主，夹部分英安岩、粗安岩和石英斑岩。与后城组未见接触关系，不整合覆盖于髫髻山组或更老的地层之上。（2）大灰厂组（J_{3dh}）仅出露于丰台区大灰厂附近，呈北东向分布。其下部以黄绿、灰绿色钙质胶结含砾火山岩屑砂岩为主，有时可出现钙质胶结的砾岩、砂砾岩及砂岩；中部为黑、灰黑、灰黄色钙质页岩，偶夹钙质粉砂岩；上部以黄绿色粉砂岩（或为砂砾岩、砾岩）为主，夹暗紫色粉砂岩。含腹足类、瓣鳃类及介形虫。本组不整合在髫髻山组之上，与东岭台组未见接触关系。（3）辛庄组（J_{3x}）分布于辛庄至大灰厂一带及晓幼营、辛开口等地，沿八宝山—南大寨断层呈北东东向断续分布，地层出露不全。下部以紫红色砂质泥岩、粉砂岩和褐灰、灰白色火山岩屑砂岩为主，夹多层砾岩；中部为紫色砾岩、砂岩、粉砂岩互层，后者偶夹钙质结核；上部为紫色厚层砾岩、砂砾岩夹灰黄色火山岩屑砂岩，砾石磨圆度较好，分选性差。本组砾岩及砂岩的碎屑成分以中酸性火山岩为主，泥砂质胶结，仅见植物化石苏铁杉碎片。

本区仅存白垩系下统，上统缺失。零星出露于坨里、大灰厂一带，各露头之间被第四系覆盖，地层出露不全。本统自下而上可分为坨里组、芦尚坟组及夏庄组。（1）坨里组（K_{1t}）分布于房山坨里、马家沟、庄户、公主坟一带。岩性为紫灰、黄绿、黄褐色火山岩屑砾岩，含砾火山岩屑砂岩及火山岩屑砂岩互层。砾岩的分选性较差，砾石的磨圆度较好，常呈扁圆形，直径一般都在10cm以下，成分以安山岩、流纹岩为主。砂岩以中粗粒为主，粒度不等，大小混杂，成分均以流纹岩、安山岩为主。岩石裂隙中可见石膏细脉。本组厚度大于306m，与下伏辛庄组没有直接接触关系，其构造线方向（走向北西）与侏罗系大灰厂组、辛庄组（走向北东东）不同，推测为不整合接触。（2）芦尚坟组（K_{1t}）分布于房山区大紫草坞以北到芦尚坟一带，第一段下部以褐黄、黄绿、黄灰色砾岩与火山碎屑砂岩互层，砾岩的岩石分选性差，磨圆度较好，砾岩较第二段为大，成分以中、酸性火山岩为主；上部为紫红、暗紫、灰绿色粉砂岩、细砂岩与棕黄、褐黄、浅灰、紫色中、粗粒火山岩、屑砂岩互层夹砾岩。砂岩及砾岩砾石成分亦以中、酸性火山岩为主，砂泥质胶结，少部分为钙质胶结。第二段下部为棕黄、褐黄色砂岩、粉砂岩与砾岩互层，砾石分选性不好，磨圆度较差，为次圆状，主要成分为中、酸性火山岩及燧石、砂岩等，并有下伏地层的砾石，与下伏地层接触面凹凸不平，两者之间有短暂的沉积间断；中部为棕黄色泥岩、粉砂岩，灰白、灰绿、紫红等杂色页岩及紫色火山岩屑砂岩，夹少量砾岩、灰岩、泥灰岩；上部为灰白、灰紫、黄绿色粉砂岩、页岩及黄褐色火山岩屑砂岩互层，夹少量钙质细砂岩、粉砂岩及泥灰岩，岩性由粗到细可以组成许多的韵律，每个韵律底部常为含砾火山岩屑砂岩。（3）夏庄组（K_{1x}）主要分布于丰台区夏庄一带，与芦尚坟组为整合接触。岩性主要为紫红、灰白色粉砂岩与黄褐色火山岩屑砂岩互层，夹杂色页岩、灰白色泥灰岩及砾岩。下部以灰白、褐黄、绿灰色粉砂岩及褐黄、黄褐色火山岩屑砂岩为主，其次为灰白、灰绿色页岩、钙质页岩及泥灰岩。砂岩中有时含砾石，局部可相变为砾岩；中部以灰黄、黄褐色火山岩屑砂岩及含砂岩砾火山岩屑砂岩为主，有较多的灰白、褐黄色薄层状或纸状页岩及粉砂岩，夹三层砾岩。砾岩中砾石一般分选性差，磨圆度较好，直径2～5cm，大者可达10cm。因大面积第四系覆盖层序，出露不全，上部为紫红、紫灰色粉砂岩与褐黄、黄绿色火山岩屑砂岩、砂砾岩及砾岩互层，夹泥灰岩、泥质灰岩。砾岩的砾石磨圆度较好，分选性稍差，直径0.5～2cm，大者可达5cm，成分以中、酸性火山岩为主，泥砂质胶结，部分为钙质胶结。

6. 新生界

第三系（R）在北京山区发育不全，出露零星，在平原之下有较厚的沉积物。第四系（Q）在山区各大水系的沟谷地带，山区盆地，山前地带的丘陵区，山麓地带以及广大平原地区均较发育。新生界分布面积广泛，厚度巨大，含古生物化石丰富。在东部平原尤为发育，除古新统外，由始新统至全新统均有沉积。

新生界的成因类型有河流相、湖相、洪积相、冲积相、坡积相以及冰川相。岩石大多数松散，胶结不好，主要组成为砾石、泥砂和黏土等。

下第三系（E）长辛店组（E_{2c}）分布于长辛店至大灰厂一带，良乡城东亦有零星出露，平原区见于中山公园等处钻孔，埋深在1400m左右，厚百余米。主要由砾石层组成，岩性为砖红色砾岩夹粉砂质泥岩、泥岩及粗砂岩，泥岩含火山灰。砾石成分为安山岩、流纹岩、粗面岩、花岗岩、灰岩、石英岩和砂岩等，砾径为5～6cm，大者可达15cm以上，磨圆度好，分选性不佳。排列呈复瓦状，局部有交错层，呈半胶结状，出露厚40m，与下白垩统为不整合接触。

前门组（$E_{2\text{-}3q}$）地表未见出露，据钻孔资料，主要分布在北太平庄、西四以东，东至垂杨柳一带，集中在东南城区，厚200～500m。岩性为灰、灰绿、黑色砂页岩，局部含角砾凝灰岩，上部夹少量红棕色泥岩。顶、中、底夹有 3～5 层玄武岩。

上第三系（N）天坛组（N_{1-2t}）厚 200～1000m，主要分布在城区及东南郊平原地区第四系之下；地表仅在翠微路一带有零星出露。为紫红色粉砂质泥岩、泥岩及砾岩，中下部夹少量灰白、灰绿色砂、砾岩；在京西五棵松、沙窝、翠微路及东郊的金台路、酒仙桥等地，钻孔揭露尚夹 1～2 层黑绿色玄武岩。

天竺组（N_{2tz}）地表未见出露，主要分布于顺义区天竺一带。岩性为灰、棕黄色半胶结泥岩、粉砂岩及砾岩。

第四系（Q）在北京非常发育，特别是在平原区分布广泛，并产有世界闻名的中国猿人和山顶洞人化石，及冰川活动遗迹。

下更新统（Q_1）朝阳冰期堆积（Q_{1c}）在山区分布于周口店、管坨岭等地；在平原区广泛分布，在东南郊埋深 300m 左右，在西郊一带埋藏较浅。此次冰期规模最大，泥砾层在平原区第四系底部普遍分布。岩性以杂色和绛红色泥砾为主，局部为灰色、褐色泥砾，分选性很差，砾石风化很深，有的松散成砂粒状，含少量孢粉。周口店下砾石层：为杂色泥砾，风化甚深，局部被砂质黏土胶结成块状砾岩；砾石直径大者达 1m 以上，小者仅 1～2cm，多呈浑圆状，砾石表面有大量锰膜，砾石成分以绿色砂岩、石灰岩、花岗岩为主，含条痕石。

泥河湾组（Q_{1n}）厚 25～330m，平原区广泛分布，埋深不等，在东南郊埋深约 250m。山区由于后期的侵蚀作用，无沉积物保存，但在灰峪和周口店等地有洞穴堆积。湖积分布在怀来盆地。平原区岩性以深灰、灰色黏土为主，夹少量砂砾石层，致密坚硬，含铁锰结核及钙质结核。

中更新统（Q_2）龙骨山冰期堆积（Q_{2l}）厚 40～80m。在山区出露较广，主要分布于周口店、八达岭、南口、潭柘寺和香山等地；在妫水河盆地一般埋在距地表下 10～25m；在平原地区埋深为 160m 左右，最深可达 250m。岩性为棕、棕红色泥砾岩，局部为灰色泥砾，夹有冰水沉积的砂砾石层，含孢粉、介形虫等。周口店第一地点的底砾石层为一套红土夹砾石，砾石有轻微风化现象。

周口店组（Q_{2z}）山区主要分布于周口店、南口及永定河下游三级阶地上；冲洪积多分布在山前地带，及大河河谷二级阶地上，坡积物在延庆、密云等山坡上发育良好。平原地区广泛分布于深部，东南郊一般埋深 100～140m，西郊地区埋藏较浅。岩性为棕色、棕红色砂质黏土和黏质砂土。夹少量碎石及小砾石，含有丰富的孢粉、介形虫、腹足类等化石。

上更新统（Q_3）碧云寺冰期堆积（Q_{3b}）在北京山区出露面积较小，仅在香山、百花山、大石河流域一带有所分布；平原区埋深 80～100m，东南郊最深达 150m 左右。岩性为黄、褐及灰黑色泥砾，分选性差，泥、砂混杂，厚度为 20m。

马兰组（Q_{3m}）堆积物在山区出露较广，主要分布于河流二级阶地上，平原地区 40m 以下分布也很广泛，此外还有洞穴堆积。岩性主要为棕黄色黄土类土，局部夹砂及钙质结核，垂直节理发育；山区可见 1～2 层古土壤；底部含有一层灰黑色的淤泥。洞穴堆积，以周口店新洞为代表，为黄色砂质黏土夹大量石灰岩块。

百花山冰期堆积（Q_{3b}）分布于百花山、周口店、斋堂及永定河两侧的低阶地上；平原区距地表 7～20m 以下，40m 以下亦有广泛分布。此外，还有洞穴堆积。岩性平原地区以淡黄色冰水砂砾石为主，局部夹灰黑色淤泥、黄土质、黏质砂土及砂质黏土、砂、砾石层分选较好，具有水平层理；堆积层厚约 30m。洞穴堆积以周口店山顶洞为代表，堆积物为松散的灰岩碎块，其中夹灰色土，最下部稍有胶结。

全新统（Q_4）肖家河组（Q4x）在平原地区广泛分布，埋藏地表 5～6m 以下，东南郊达 15m 以下。岩性为灰白色砂质黏土，细砂及砾石层；上部夹薄层黑色淤泥，局部有浅棕黄色次生黄土。

尹各庄组（Q_{4y}）山区主要分布在山间小型盆地及沟谷低洼处，平原区分布在冲洪积扇地下水溢出带附近及古河道牛轭湖等处。岩性为灰黑色淤泥夹黑、灰黄色泥炭层，下部有机质较多，富含动植物化石。

刘斌屯组（Q_{4l}）主要分布在永定河、大石河及其支流等河谷地带，平原地表广泛分布。由褐色耕土、棕黄、灰黄色砂质黏土组成，其中夹少量黄色细砂及黑灰色淤泥，分布于河床、河漫滩上的为砂、砂砾石层。

2.1.2 地质构造

2.1.2.1 地质构造分区

北京市大地构造处于华北地台中部—燕山沉降带的西段。在漫长的地质历史中经历了大幅度的下降、接受巨厚的沉积以及剧烈的造山运动。特别是中生代以燕山运动为主的构造变动，奠定了北京地区地质构造的基础骨架以及地貌发育的雏形。

除去怀柔区长哨营以北地区外，北京市广大地区都位于燕山沉降带范围之内。在此区间，中、上元古界特别发育，是一套基本上没有变质的沉积岩系，呈明显不整合关系覆盖在变质岩系之上，成为古老变质岩系之上的第一个盖层，属于华北地台上一个狭长下陷地带。根据地质构造和岩浆活动等特点，可将本市划分为三个大的地质构造区，即西山凹陷地质构造区、北山隆起地质构造区和蓟县凹陷地质构造区，见文献［16］。

1. 西山凹陷地质构造区

西山凹陷地质构造区包括北京西山山区和平原区的大部分。地质特征是自晚古生代到中生代期间，地壳运动一直处于下降凹陷状态，因而堆积了巨厚沉积物，故称之西山凹陷。后经燕山运动影响，西部褶皱隆起成山（即北京西山）；其东部则下沉埋藏于现代平原之下，上面覆盖有新生代的松散沉积物，形成北京平原。

(1) 北京西山褶皱隆起区

北京西山褶皱隆起区位于西山凹陷的西北部，包括整个北京西山地区以及山前隐伏地带，简称京西隆起。主要由几个大型向斜和背斜构造组成隔档式褶皱构造区，其中著名的有髫髻山向斜、九龙山—香峪大梁向斜和北岭向斜。髫髻山向斜轴向为北东—南西向，略成“S”状，西南又有百花山向斜，东北可延至妙峰山一带。本向斜构造规模最大，其核部由中侏罗统髫髻山组组成，构成向斜山体，主峰清水尖海拔达 1528m，髫髻山海拔 1524m，百花山海拔 1991m，妙峰山海拔 1291m。九龙山—香峪大梁向斜位于髫髻山向斜的东南侧，二者轴向基本平行，其核部由九龙山组、翼部由石炭二迭系及下侏罗统组成，也是向斜山，主峰 969m，两侧坡谷是门头沟煤系出露地点，南有北京煤矿基地的门头沟；北有永定河谷，也是煤矿区。北岭向斜位于周口店的西北部，房山侵入岩体在它的东南侧，受侵入岩体挤压影响使北岭向斜呈新月状。其核部由九龙山组组成，主峰猫耳山高 1307m。上述向斜构造之间均存在较为狭窄的背斜构造，形成宽向斜与窄背斜相间分布的隔档式褶皱，构成北京西山在地质构造上的主体。在地貌上，凡是向斜构造部位，其核部多构成高山；而背斜构造部位往往成为低谷或洼地。另外，由几个以孤立的侵入岩体为核心的小型穹窿构造区，也因差别风化等原因形成负地形，构成低矮的丘陵区。如上苇店穹窿和房山花岗闪长岩体等地。

(2) 北京向斜区

北京向斜区（北京凹陷）位于北京城之下，呈北东—南西向展布，上面覆盖有新生界的松散沉积物，呈平原地貌。该地质构造的形成过程为：中生代末期，北京西山地区褶皱隆起的同时，平原地区不断地相对下降，继续接受白垩纪和第三纪的沉积形成向斜构造，上面覆盖有第四纪的松散沉积物。在向斜不断下降的过程中，向斜内产生了一系列与轴向一致的断裂带，也呈北东—南西向。如八宝山—高丽营断裂带位于本向斜的西北边界上，东南侧有南苑—通州断裂。因而，在原有向斜构造的基底上又形成以城区为中心的地堑构造格局。

(3) 大兴隆起区

大兴隆起区介于北京凹陷与固安—大厂凹陷之间的隆起地段，也呈北东—南西走向，宽度约 18km。基底为元古界和寒武系，组成沿走向延伸的平缓褶皱，上覆第四系，其间缺失上侏罗系—上第三系。与两侧沉降区相比，表现为上升隆起地带。其顶部在大兴黄村、旧宫一带，第四系厚度仅五六十米，沿北东—南西走向，其厚度可增至三四百米直至五六百米，地表呈平原地貌。

2. 北山隆起地质构造区

北山隆起地质构造区自西而东，依次分为三个小区：青白口穹窿区、延庆昌平活动断裂区和密怀升起断裂区。自元古代末期隆起后，除有零星寒武纪沉积外，一直处于上升隆起环境，特别是经历了中生代大规模造山运动，并伴随大量酸性深成岩体的侵入活动，使本区处于长期剧烈剥蚀条件下，致使属于深成侵入岩体的花岗岩体大面积暴露于高山之巅，其间只有一些断陷盆地中沉积了中生代的中性火山岩系。

(1) 青白口穹窿区

青白口穹窿区主要由元古界雾迷山组构成，核部有酸性岩体侵入。岩层分别向东、南、西方向倾斜，西北翼被沿河城断层切断，实际是多半个穹窿构造，表明自元古代以后该区长期处于隆起剥蚀环境。

(2) 延庆昌平活动断裂区

延庆昌平活动断裂区包括怀柔西部地区，区内有大面积酸性岩基出露。由于中生代地壳运动剧烈，地壳产生复杂褶皱、断裂变动及大规模岩浆侵入活动，并伴有大幅度抬升运动，岩体的侵入受区域断裂方向控制。在断陷盆地中，侏罗系火山碎屑岩系发育，反映了当时构造运动与火山活动的激烈情况。

(3) 密怀升起断裂区

密怀升起断裂区内除了有大量深成、浅成侵入岩体外，还有大面积太古界变质岩系外露，说明本区地壳强烈上升并长期遭受剥蚀。

3. 蓟县凹陷地质构造区

蓟县凹陷地质构造区在元古代时是一个以蓟县、兴隆、平谷为中心的沉降区，境内系统地沉积了中、上元古代地层，最大厚度可达万米，成为我国北方中、上元古界标准地点，也是世界上典型地区之一。平谷稳定褶皱区属蓟县凹陷中的一个小区，大部分位于本市范围之内。自元古代末期上升成陆，后经地壳运动形成平缓褶皱构造地段。元古界广布，之上缺少更新的地层，只有在平原、山前等地带为第四系松散沉积物所覆盖。

2.1.2.2 地质构造格架

北京地区处于燕山纬向构造体系与祁吕—贺兰山字形构造体系东翼构造带及新华夏构造体系的交接部位。另外，境内还有北西向、北东向及南北向等构造体系。所以，北京地区的地质构造相当复杂，由它们组成的格架控制着本区的地层建造、岩浆活动、地貌发育以及近期地壳活动等方面，如图 2.2 所示。

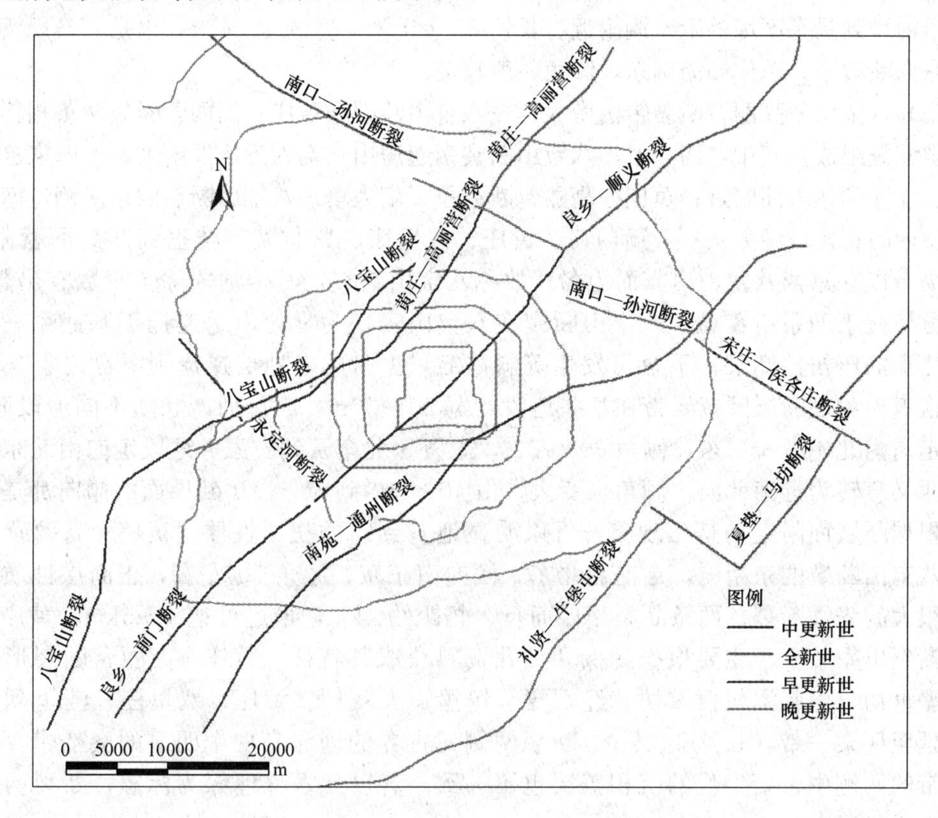

图 2.2 北京市主要断裂分布图（引自文献［16］）

东西向断裂构造表现明显、规模巨大、延伸长远、切割较深，发生的年代也较老。自北向南有 4 列断裂带展布：

(1) 古北口—长哨营断裂带。由一系列压性断层组成，成为燕山沉降带（与内蒙古台背斜）的北部边界。本断裂带东西延伸很远，向西与崇礼—赤城大断裂相连，向东可达平泉附近，规模十分可观。断裂带南北宽 4～8km，走向近东西，略成弧形。以大量大致平行的逆冲断层和挤压破碎带为主组成，断层面的产状呈高角度倾斜并伴有飞来峰构造和地堑式断陷。

(2) 密云沙厂—墙子路褶皱断裂带。由背斜构造与断裂构造组成，向西可延至怀柔、昌平、延庆一带，因受岩浆侵入体的干扰多呈断续出露。

(3) 蓟县—三河—北京东西向断裂带。该断裂带横贯北京市中部，主要由段甲岭—三河断裂带、通州—北京断裂带组成。

(4) 宝坻—桐柏—涿州断裂带。该断裂带从北京市南端通过，掩埋于平原之下，向东可延至唐山一带。

北北东向（包括北东向）断裂构造为北京市最为发育的一组断裂构造，规模大，影响深远，分布广。自西而东主要有：

(1) 紫荆关—大海坨断裂带。位于北京市西部边缘，规模巨大，带宽有 20km，长 160km，是一条北北东—南南西向的断裂岩浆活动带。

(2) 沿河城—南口断裂带。西起涞水县境的岭南台附近，经门头沟区的齐家庄、燕家台、沿河城到昌平区境的禾于涧附近。长达 60 余千米，宽约 10 千米，也是一条规模巨大的北东向断裂带，总体倾向南东，倾角一般较陡。

(3) 八宝山—高丽营断裂带由南大寨—八宝山断裂和黄庄—高丽营断裂两条相伴而行的主要断裂组成。其中，南大寨—八宝山断裂南起房山长沟附近，经南大寨、磁家务、八宝山、北洼到达海淀附近；黄庄—高丽营断裂位于南大寨—八宝山断裂的东南侧，南起房山区境内的石楼，经大灰厂、衙门口、黄庄、八里庄、紫竹院、洼里到达高丽营附近。本断裂带以在京西八宝山出露而驰名，故称八宝山断裂，其他地段除了少数有出露外，大部分皆被第四系所覆盖。八宝山断裂在八宝山表现为雾迷山组逆掩于寒武系—下侏罗统之上的压扭性断裂。下盘可发生等斜褶皱，上盘的老地层逆掩到下盘之上，也可产生拖曳现象。断层糜棱岩带在某些地段最宽 20～30m。断层面产状随不同地段而易，总体走向为北 40°～50°东，倾角 20°～30°，上万、北车营到磁家务地段走向由北东转为近东西又急转为近南北向，倾角也变大，由 40°～50°到 60°～70°断层面的倾向都是南东向。根据断层面附近的挤压现象，可以明显地看到它的扭压性质。黄庄—高丽营断裂位于八宝山断裂的东南侧，走向北北东，倾向南东东，倾角 70°左右，正断层性质，是断距很大的张性断裂。两条断裂相伴而行，相距约 1km，最远可达 4～5km。黄庄—高丽营断裂出露较少，主要根据物探和钻孔资料获取其特征：黄庄—高丽营断裂形成于早白垩世初，南起涿州西城坊，经石楼、坨里、大灰厂、黄庄、八里庄、洼里到达高丽营延至怀柔一带，长达 110km。断裂两侧元古界的埋深有一个明显的突变带，沿此突变带的两侧中、新生代的沉积盖层也不一致。若以元古界埋深为标志，断裂两盘的断距在千米以上。

(4) 密云—北京断裂群包括车公庄—德胜门断裂、莲花池—白塔寺断裂，良乡—前门断裂和崇文门—日坛断裂等。本组断裂均发育在北京向斜内，通过北京城区，控制着向斜内的下白垩统，第三系的沉积把北京向斜断裂成为地堑式构造。

(5) 南苑—通州断裂为北京凹陷与大兴隆起的界限。南苑—通州断裂主体南起新城西，向北经塔上、码头东、古城、葫芦垡、芦城、南苑西、定福庄、翟里，继续向北经松各庄至沙岭。根据物探和钻孔资料，沿前辛庄—南苑—通州区北有一条约呈北 40°～50°东的基岩埋深突变带，其西北侧元古界埋深 400m 至千米以上，且覆有巨厚的第三系，而东南侧的寒武系及元古界埋深仅有 60m 至二三百米，上覆有第四系及少量第三系。

(6) 永乐店—夏垫—马坊断裂。这条断裂为大兴隆起与大厂凹陷的界限，北京市仅跨其中一段，断裂走向北北东，倾向北西，倾角 60°～80°，长约 110km，属正断层性质。自凤河营—永乐店—夏垫—马坊一线也有一个基岩埋深突变带，其西侧凤和营一带古生界埋深1500余米，下第三系在断裂两侧沉积厚度尤为悬殊。

南北向断裂构造走向平直，时代较晚，呈等间距离分布，其规模和出露程度都不如前面两组明显。本市地区自西而东，主要的南北向断裂依次有：

（1）西二道河断裂位于西二道河与小张家口一带，由数条平行断裂组成，产生在侵入岩体与玉泉路附近示意剖面图罗系之中。

（2）青石岭断裂北起长哨营附近，南到河防口，长达40km，沿线破碎带及泥石流现象显著，地貌上在山区多呈沟谷状。在本组断裂中最为明显，规模也较大。

（3）娘子水断裂位于密云区境内。

（4）黄崖关断裂位于京东蓟县境内。

北西向断裂构造带主要有：（1）永定河断裂位于三家店附近的河床内，将九龙山向斜错开。（2）南口—孙河断裂走向北西，西北段倾向南西，东南段倾向北东，倾角70°左右，长约50km，属正断性质。该断裂将八宝山断裂切断，断裂西北段控制马池口—沙河凹陷发育，凹陷堆积厚约600m的第四系；东南段控制顺义凹陷发育，凹陷内堆积厚约700～800m的第四系。（3）德胜口—小汤山断裂与南口—孙河断裂大致平行，位于它的东北侧。（4）二十里长山断裂由数条平行断裂组成，成为北京向斜（凹陷）与密怀隆起的边界。

2.2 实习地区区域地质概述

2.2.1 地质发展史

实习地点位于门头沟区三家店、房山区周口店。本区是华北地区的一部分，在晚元古界以前经历了一次强烈的地壳构造变动和岩浆活动，形成高山深谷以后遭受强烈剥蚀，地面逐渐削平。晚元古界巨大、急剧的沉陷使华北地区普遍成为深海，沉积了晚元古界的青白口系、蓟县系、长城系的巨厚地层，此时开始有低等生物圆藻出现和繁殖。

随后，寒武纪和奥陶纪（∈—O）地壳运动转趋稳定，处于一片汪洋大海，海水逐渐由浅到深，海浸范围逐渐扩大、沉积条件逐渐由动荡到比较宁静，形成了鲕状、竹叶状及块状石灰岩，这个时期以无脊椎动物三叶虫最为繁盛。整个下古生代所发生的地壳运动在地质学上称为加里东运动。

到晚奥陶纪（O_3）地壳上升为大陆，长期受到剥蚀，几乎把当时大陆出现过的复杂地形和沉积物都破坏了。缺失了上奥陶纪（O_3）、志留纪（S）、泥盆纪（D）和下石炭纪（C_1）的沉积地层。

到了上古生代中石炭纪（C_2），地壳频繁下降与上升，逐渐演化为大陆环境，先形成砾岩、粉砂岩，上石炭纪（C_3）逐渐由海相过渡为海陆交互相沉积，海水时进时退成为滨海沼泽或湖泊。气候潮湿温和，植物繁茂，森林、沼泽密，植物死亡后遗体堆积成层并为泥砂所掩埋，成为今天所开采的煤层及页岩。二迭纪（P）气候转为干燥，并有微弱中酸性火山喷发，形成了紫红色砂页岩、火山碎屑岩，二迭纪末本区经历了轻微构造运动，这个时期的地壳运动，地质学上称为海西运动。

中生代以后本区地壳又开始活跃（但不像古生代那样较为宁静，也不像元古代那样高度活动性），先是大面积基性岩浆喷发（形成玄武岩），接着断裂下陷成大型盆地，盆地接受沉积，此时气候温和潮湿，有利植物繁殖，又有频繁中酸性火山喷发和构造运动，这个时期的地壳运动称为燕山运动。这一运动奠定了本区基本构造形态及现代地形的形成。

新生代以来本区地壳也没停止活动，山岭地带不断隆起，平原及山间盆地进一步下陷，堆积了一套岩性复杂、成因类型繁多的松散沉积物，并有酸性岩浆的大规模侵入活动，形成了周口店、八达岭至怀柔的侵入岩体。

2.2.2　地形地貌与第四纪沉积

本区正处于上升阶段，且为大陆性气候，物理风化作用占优势，山区遭受强烈侵蚀，冲沟发育。

北部寒武系、奥陶系石灰岩，岩性坚硬但性脆，抗风化能力强，形成陡峻尖顶山，如大牛道山、大将军坨等，而香峪大梁、九龙山，由于裂隙发育，使砂岩加剧风化形成圆顶山。沿背斜轴部及断裂带，由于岩石破碎，在强烈剥蚀作用下形成低洼沟谷，如杨家屯间歇河、门头沟、中泗沟、琉璃渠、老爷庙沟等。

沿山坡发育残积和坡积物，形成残积—坡积锥，岩性为粗粒碎屑土及黏性土，局部有黄土状粉质黏土。在发育的冲沟中堆积有洪积物，形成洪积锥或洪积扇，如香峪大梁西坡、灰峪、军庄、杨家屯均有分布。

永定河长年流水的地质作用在本区占有重要地位，在陈各庄上游形成深切峡谷，从军庄以南形成开阔的河谷，发育有Ⅰ、Ⅱ级阶地、河漫滩、河心滩。河床及河漫滩沉积以漂石、卵石、砾石及砂土为主，夹透镜体状砂层和黏性土层，组成物质复杂。阶地和心滩的沉积具有双层结构，层理发育。

杨家屯及中泗沟间歇河的暂时性流水地质作用，在沟谷沉积有卵石、砾石及砂为主的冲、洪积层，杨家屯间歇河还发育Ⅰ、Ⅱ级阶，具双层结构。

陈各庄上游的野溪一带永定河河谷蜿蜒迂回，河谷宽达300m，河床出现分合状态，中间形成一半月形河心滩，这是典型河流截弯取直现象，形成了牛轭湖，标志河流已进入老年发育期。然而其上的深切河谷，说明第四纪晚期地壳急剧上升，永定河又进入了青年期，这是永定河演化过程中的“返老还童”现象，在担扎（地名）附近可见高于现代河床数十米的永定河古河道。

2.2.3　地层与岩性

本区是北京西山的一部分，地层出露不全，但发育较完整，基本上能概括整个地区的地质发展史。本区出露的地层由老到新为：

1. 太古界（Ar）

为一套以片麻岩、片岩为主的地层。主要有黑云斜长片麻岩、混合片麻岩、斜长角闪片麻岩及云母石英片岩。

2. 下古生界

（1）寒武系：主要为中厚层、薄层石灰岩、泥灰岩、泥质条带灰岩、夹竹叶状灰岩、鲕状灰岩，富含三叶虫化石。

（2）奥陶系（O）：主要为灰黑色厚层灰岩，白云质灰岩、结晶灰岩、含直角螺化石。

（3）志留系（S）：地层缺失。

3. 上古生界

(1) 泥盆系 (D)：地层缺失。

(2) 石炭系 (C2+3)：主要为深灰色粉砂岩、细砂岩及黏土岩互层，中上部夹有泥灰岩，底部为砾岩，含可采煤层，富含植物化石。下石炭系 (C1) 缺失。

(3) 二迭系 (P)：主要为肉红色、米黄色石英砂岩，夹紫色页岩、黄色页岩和灰色页岩。

4. 中生界

(1) 三叠系 (T)：地层缺失。

(2) 侏罗系 (J)：

下统：杏石口组 (J1x)：灰黑—土黄色页岩、砂岩互层；

南大岭组 (J1n)：深绿、灰绿、暗绿紫红色玄武岩；

窑坡组 (J1y)：灰色、灰绿色、灰黄色页岩、细砂岩、粉砂岩互层，夹长石砂岩，含可采煤层，富含植物化石；

中统：龙门组 (J2l)：灰色粉砂岩、底砾岩普遍发育；

九龙山组 (J2j)：紫红色、紫灰色、灰绿色凝灰质细砂岩、粉砂岩，夹多层砾岩及页岩，岩性厚度变化大；

髫髻山组 (J2t)：紫灰色、灰绿色安山质熔岩角砾岩、安山岩，岩性及厚度变化大。

上统：本区无出露。

(3) 白垩系 (K)：本区无出露。

5. 新生界

第三系 (R)：本区无出露。

第四系 (Q)：广泛分布有多种成因类型的松散沉积物、残积物、坡积物和冲积物等。

2.2.3.1 岩浆岩

实习地区的岩浆岩主要出露于房山周口店地区，主要为岩浆侵入活动而成，以中、酸性为主。其中，房山复式侵入体面积最大，在牛口峪、一条龙等处尚有较小规模的侵入体出露，如图 2.3 所示。

房山复式侵入体西界车厂，东临羊头岗，北抵东岭子，南至东山口，平面近于直径 7.5～9km 的圆形。复式岩体早期侵位石英闪长岩体和闪长岩体，后期侵位花岗闪长岩体。在官地村北可见石英闪长岩体的流面被花岗闪长岩体切割等现象，可视为复式岩体相继侵入活动的证据。

花岗闪长岩为粗粒似斑状结构，主要造岩矿物为斜长石、条纹微斜长石和石英，次要矿物为绿色普通角闪石和黑云母，副矿物常见有磁铁矿、磷灰石、榍石、锆石等。从外向内花岗闪长岩体内钾长石斑晶呈有规律的变化，根据其大小、含量和环带特征将花岗闪长岩体从外向内划分为边缘相、过渡相和中央相。表 2.1 给出了花岗闪长岩体各相带矿物成分的平均含量，可以看出，从边缘到中央造岩矿物的含量具有明显的变化规律：暗色矿物从多到少，石英由少变多，钾长石斑晶含量由无到逐渐增多，后又减少，反映了岩浆从边缘到中央，由较基性向较酸性的演化。

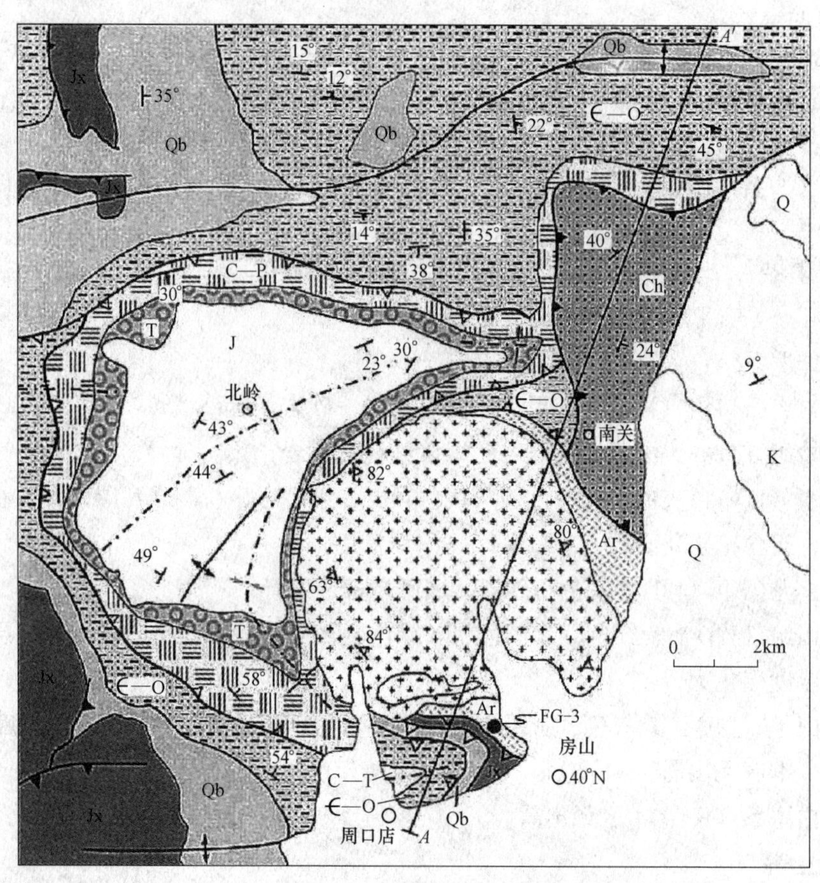

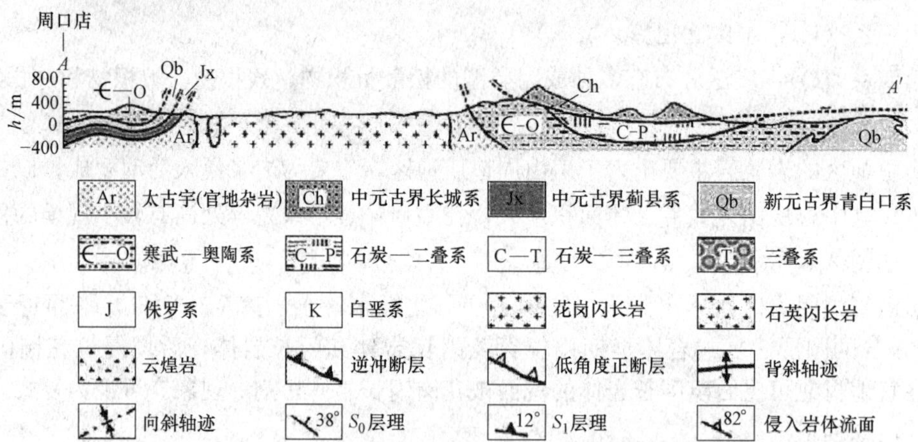

图 2.3　房山岩体地质构造略图（引自文献［2］）

花岗闪长岩体各相带矿物成分含量（引自文献［2］）　　表 2.1

矿物成分 \ 岩相带		边缘相	过渡相	中央相
矿物成分含量（%）	石英	12.6	19.5	21.6
	斜长石	46.8	50.0	40.1
	钾长石	20.4	17.6	20.8

续表

矿物成分 \ 岩相带		边缘相	过渡相	中央相
矿物成分含量（%）	黑云母	10.4	6.3	9.7
	普通角闪石	8.0	5.1	6.3
	磁铁矿	0.8	0.7	0.5
	榍石	0.4	0.4	0.6
	磷灰石	0.3	0.3	0.3
	单斜辉石	0.2	—	—
	其他	0.1（绿帘石、锆石、褐帘石）	0.1（绿帘石等）	0.1（绿帘石等）
岩石名称		石英闪长岩	花岗闪长岩	花岗闪长岩

岩体直接侵入的地层为下二叠统，但接触热变质晕影响的地层为中侏罗统龙门组，因此岩体侵入时代应在中侏罗世之后。花岗闪长岩体中捕虏体主要集中于边缘相和过渡相。处于边缘相中捕虏体因经受强烈的压扁作用呈铁饼状，其长轴或扁平面大致平行于接触带。从边缘相到中央相捕虏体具有一定的变化规律：数量由多到少；成分由复杂到单一；形状上从次棱角到纺锤状；界线由截然到不清楚至模糊；从没有长石变斑晶到出现白色斜长石变斑晶及浅肉红色钾长石变斑晶；改造程度由浅到深。岩体内发育有多种脉岩，各种脉岩的生成顺序为：花岗闪长岩脉—花岗岩脉—细晶岩脉—长英岩脉及伟晶岩脉—煌斑岩脉，岩性以酸性为主，多集中发育于岩体的边缘相及过渡相内，平面上呈放射状展布。

石英闪长岩体是相对早期侵位岩体，呈小型零散状分布于羊耳峪、丁家洼、官地及东山口等地。

2.2.3.2　沉积岩

沉积岩系列主要发育于实习区门头沟线路。本实习线路的主要观察点在门头沟三家店向北至军庄的北京西六环沿线。在三家店村北侧，由于铁路修建而劈开山体，可以看到山体岩性为紫红色、紫灰色、灰绿色凝灰质细砂岩、粉砂岩，夹多层砾岩及页岩，岩性厚度变化大；属于侏罗系九龙山组（J_{2j}）地层，岩石表现为碎屑结构，层理构造；构成岩体较为完整，岩体呈层状结构类型。沿西六环向北，沉积岩岩性变为侏罗系九龙山组（J_{2j}）底砾岩，黄灰色，碎屑结构，层理构造，主要矿物为石英和方解石；由下伏地层风化剥蚀形成，岩体呈厚层状结构。向北，地层变为二迭系双泉组（P_{2s}）地层，岩性为砖红色、米黄色石英砂岩，夹紫色页岩、黄色页岩和灰色页岩，岩石呈碎屑结构、泥质结构、层理构造；岩体结构类型为层状结构。再向北，地层岩性为下侏罗系南大岭（J_{1n}）组火山凝灰角砾岩、石英砂岩。到达军庄镇东，地层岩性变为石炭系清水涧组（C_{2q}）灰色粉砂岩、细砂岩；灰峪组（C_{3h}）深灰色粉砂岩、细砂岩夹中—粗砂岩。另外，在门头沟野溪河出露有奥陶系灰岩。

2.2.3.3　变质岩

周口店地区的多数岩石都遭受了不同程度的变质作用，包括有太古宙变质杂岩、元古宙和古生代区域变质岩、岩体周围的接触热变质岩及动力变质岩等。

官地杂岩为太古宙变质岩系，主要由片麻岩、斜长角闪岩、变粒岩等组成，分布于房山岩体南北两侧及东缘。其中，黑云母斜长片麻岩见于官地以东、以北等地，为官地杂岩的主要组成岩石。岩石呈浅灰色、灰色，片麻状构造，粒度为中细粒，主要矿物是斜长石、石英、黑云母，亦可见角闪石、微斜长石和条纹长石。混合花岗岩多见于山顶庙西沟周家坡一带，浅灰色、灰白色，呈不等粒的花岗变晶结构且发育有多种交代结构，块状构造为主，浅色矿物为各种长石和石英，暗色矿物分布不均且大多变为绿泥石。斜长角闪岩多呈薄的夹层或透镜体赋存于不同区段的浅色片麻岩中，官地东侧打谷场附近及官地—李家坡大路旁均有出露，颜色多为黑色、暗绿色和墨绿色，块状构造，偶见弱定向构造，岩石呈粒状变晶结构到花岗变晶结构，主要矿物为角闪石和斜长石。黑云母角闪石变粒岩见于官地、周家坡、山顶庙一带，多呈层状产出，块状构造为主，细粒花岗变晶结构，主要造岩矿物为长石、石英、角闪石、黑云母、绿帘石等。

显生宙区域变质岩出露约占周口店地区的75%以上面积，岩性包括板岩、千枚岩、变质砂岩、片岩、大理岩等。其中，代表性板岩有洪水庄组黑色板岩、下马岭组黑色炭质板岩、景儿峪组灰绿色板岩及太平山南北坡石炭系—二叠系杂色板岩、粉砂质板岩、炭质板岩和压力影板岩等。此类岩石有时由于均有一定的丝绢光泽或板理面上略具皱纹而显示有千枚状构造的某些特征，如下马岭组含磁铁矿千枚状板岩、龙山组上部灰白色千枚状板岩等。千枚岩是实习区内广布的一类岩石，从元古宇到侏罗系均可见到，但主要发育在元古宇的泥质变质岩中，岩石色调较杂，具丝绢光泽，常见基质为显微鳞片（花岗）变晶的斑状变晶结构。变斑晶主要是红柱石，基质主要成分是绢云母、石英以及少许绿泥石和黑云母。变质砂岩以太平山南北坡石炭系—二叠系中分布较多，岩石色杂，主要矿物成分为长石和石英，暗色矿物多系胶结物变质而成，如黑云母、绿帘石等。片岩主要出露于一条龙、羊屎沟、骆驼山一带，构成下马岭组主体部分，以灰色、灰黑色、黑色者居多，岩石一般呈鳞片花岗变晶结构或花岗鳞片变晶结构，有时可见斑状变晶结构，不含或少含长石，主要矿物有黑云母、白云母、石英、红柱石、矽线石、石榴石、十字石、堇青石和磁铁矿等。主要岩石有硬绿泥石绢云母绿泥石片岩、硬绿泥石二云母片岩、硬绿泥石蓝晶石片岩、硬绿泥石十字石石榴石云母片岩等，其中红柱石片岩见于太原组—下地层中，含蓝晶石的片岩则与印支期剥离断层空间展布密切相关，含石榴石、十字石的片岩仅在下马岭组地层中见到。大理岩赋存于元古宙—早古生代铁岭组、景儿峪组等层位，其成因与区域变质作用及接触热变质作用皆有关系。

接触热变质岩主要分布于房山复式侵入体周围。其中，角岩类在太平山南北坡石炭系—二叠系地层中常见；接触片岩在羊屎沟等地下马岭组地层中常见；大理岩有两种成因类型：一类为区域变质作用的产物，如景儿峪组大理岩；另一类为与房山岩体的接触热变质作用有关，展布于岩体周缘，在东山口等处以铁岭组为主，在周家坡一带下古生界地层中亦有零星出露。

动力变质岩包括与韧性剪切带、剥离断层伴生的糜棱岩系列及与脆性断裂伴生的碎裂岩系列，在实习区内广泛分布。其中，糜棱岩种类繁多，包括碳酸盐质糜棱岩、角闪斜长质糜棱岩、花岗质糜棱岩、花岗闪长质糜棱岩和长英质糜棱岩。碳酸盐质糜棱岩在164背斜翼部、三不管沟、骆驼山等处的铁岭组、马家沟组和寒武系强变形的岩段中均有发育，岩石呈浅灰色、灰色，具细粒、显微细粒结构，定向构造，外观类似于纹带灰岩、纹层状灰岩或纹带状白云岩。角闪斜长质糜棱岩见于山顶庙、乱石垅、东岭子等区段出露的太古宙官地杂岩中，岩石发育透入性的糜棱面理及拉伸线理，呈条纹状。花岗质糜棱岩与角闪斜长质糜棱岩密切伴生，在宏观结构、构造上相似。花岗闪长质糜棱岩发育于房山复式岩体西北缘，具片状构造、中粒糜棱结构，局部为细糜棱结构，斜长石和微斜长石残斑的含量变化在20%～50%之间，颗粒呈椭圆形、圆形、S形、眼球形等。基质由石英、斜长石、黑云母、角闪石组成。长英质糜棱岩与房山岩体西北缘剪切带内长英质岩脉变形相关，具变余糜棱结构，条带状构造。实习区内最常见的碎裂岩有断层角砾岩、碎裂岩和断层泥，在房山西断裂带内发育齐全。大小砾岩山之间、牛口峪及房山西等地断裂带内皆有断层角砾岩发育，角砾一般在2mm以上，角砾及胶结物成分、角砾形状等特征因地而异。牛口峪水库北侧弧形断裂带内极为发育碎裂岩，其成分与断层两盘岩石密切相关。在山顶庙与向源山之间、房山西等地断裂带内断层泥发育，出露宽度十多厘米到几十厘米。

第3章

野外地质工作方法

3.1 岩石学野外基本工作方法

野外地质工作中，岩石识别和鉴定是其工作基础。在野外地质工作中首先选择较大范围的基岩露头，而后根据课堂教学的内容对这些岩石进行观察和描述。表3.1列出了三大类岩石的区别。

三大类岩石区分简表 表3.1

岩类 特征	岩浆岩	沉积岩	变质岩
矿物成分	均为原生矿物，成分复杂，但较稳定。常见矿物有石英、长石、角闪石、辉石、橄榄石和黑云母等	次生矿物占相当数量，成分简单，但多不固定，常见矿物有石英、正长石、白云母、方解石、白云石、高岭石、绿泥石等	除了具有原岩的矿物成分外，尚有典型的变质矿物，包括石榴子石、透辉石、矽线石、蓝晶石、十字石、红柱石、阳起石、符山石等
结构	常见结构有粒状结构、斑状结构、似斑状结构。以玻璃质结构、火山碎屑结构、熔结火山碎屑结构、煌斑结构和伟晶结构为特征结构	以碎屑、泥质及生物碎屑结构为特征。陆源碎屑结构包括砾状、砂状、粉砂状、泥质结构；粒屑结构有内碎屑、鲕粒、生物碎屑结构等；碳酸盐岩具有结晶结构；硅质岩具有非晶质结构	以变晶、变余、压碎结构为特征。变晶结构包括有粒状变晶、鳞片变晶、纤状变晶、斑状变晶结构、和角岩结构等。压碎结构分碎裂结构和糜棱结构
构造	具流纹、气孔及块状构造。侵入岩多为块状、斑状和条带状构造；喷出岩多以气孔、杏仁、流纹、枕状、假流纹构造为特征构造	多具层理构造。另外，还有层面构造（如波痕、冲刷、槽模等）、生物构造（如虫孔、虫迹）、化学构造（如晶痕、结核、缝合线等），以及变形构造	多具片理构造，如板桩、千枚状、片状、片麻状构造。另外还有块状构造和变余构造等
产状	多以侵入体出现，少数喷出岩呈不规则形状产出	层状或大透镜状	随原岩的产状而定

3.1.1 岩浆岩的野外观察与描述

岩浆岩为地下深处的岩浆经上升、运移、侵位、冷凝、结晶等复杂的岩浆作用过程而形成。在上升、运移和侵位过程中，由于环境的改变，岩浆的成分和物理化学状态不断发生变化。根据其冷凝、结晶环境的不同，岩浆岩分为侵入岩和喷出岩。对岩浆岩的野外观察一般包括如下方面：颜色、矿物成分、结构、构造、产状、分类命名等。

（1）颜色

颜色是通过眼、脑和生活经验所产生的一种对光的视觉效应，由物体对可见光波的吸收作用而产生。一个物体的光谱决定这个物体的光学特性，一个颜色定义为所有这些光谱的综合，从而人们得以区分在大小、形状或结构等方面完全相同的物体。

岩石的颜色指的是其整体表现出来的颜色，岩浆岩的颜色与其矿物组成有关。岩浆岩类别根据 SiO_2 含量百分比确定，而 SiO_2 含量可在岩石矿物成分上反映出来。根据矿物的化学成分特点，可以分为硅铝矿物和铁镁矿物。硅铝矿物是指 SiO_2 与 Al_2O_3 含量较高而不含 FeO、Fe_2O_3、MgO 的矿物。石英类、碱性长石类、斜长石类、似长石类和浅色云母的颜色较浅，一般呈无色、白色或很淡的颜色，所以又称浅色矿物。铁镁矿物是指 FeO、Fe_2O_3、MgO 的含量高而 SiO_2 含量较低的矿物，包括橄榄石类、辉石类、角闪石类和暗色云母，这些矿物多呈黑色、暗绿色、绿色等较深的颜色，又称深色或暗色矿物。因此，酸性岩（花岗岩类）或中性岩（正长岩类）中的矿物多以浅色为主，故表现为浅色；而基性岩或超基性岩则多表现为深色。

（2）矿物成分

岩浆岩的常见造岩矿物有20多种，其中最主要的矿物有9类，即：橄榄石、辉石、角闪石、黑云母、白云母、斜长石、碱性长石、似长石、石英。由于这9类矿物在岩浆岩中的相对含量不同，故构成不同种类的岩浆岩。

按矿物在岩石中的含量可分为主要矿物和次要矿物。主要矿物在岩石中含量较多，并决定岩石大类名称。一般花岗岩的主要矿物是石英和长石，若缺少其中一种或含量过少，则不能称为花岗岩。次要矿物在岩石中含量较少，不影响岩石大类名称，如花岗岩中的黑云母。依据次要矿物可以进一步划分岩石的种属。

假如岩浆岩中有大量石英出现，说明是酸性岩；如果有大量橄榄石存在，则表明是超基性岩；如果只有微量或根本没有石英和橄榄石，则属中性岩或基性岩。

假如岩石中以正长石为主，同时所含石英又很多，就可判定是酸性岩；倘若以斜长石为主，暗色矿物又多为角闪石，则属于中性岩；若暗色矿物多系辉石，则属基性岩。

（3）岩浆岩的结构

岩浆岩的结构指组成岩石的矿物的结晶程度、颗粒大小、晶体形态、自形程度以及矿物间的相互关系。岩浆岩的结构类型按结晶程度分为全晶质结构、半晶质结构和玻璃质结构。其中，全晶质结构是岩浆在缓慢冷却条件下结晶形成的，岩石全部由已结晶的矿物组成，多见于侵入岩中；玻璃质结构是岩浆在快速冷却条件下形成的，岩石几乎全由未结晶的玻璃质组成，主要见于喷出岩。岩石表面光滑，呈玻璃光泽、贝壳状断口，质脆。半晶质结构多见于喷出岩和部分浅成侵入岩中，岩石由部分结晶质矿物和部分玻璃质组成。按颗粒大小，岩浆岩的结构类型分为粗粒结构（＞5mm）、中粒结构（2～5mm）、细粒结构（0.2～2mm）、隐晶质结构（＜0.2mm）。前三种肉眼观察能够辨认矿物颗粒，称显晶质结构；隐晶质结构肉眼不易分辨颗粒，见于喷出岩和部分浅成岩中。

（4）岩浆岩的构造

岩浆岩的构造是指组成岩石的各部分的相互排列、配置与充填方式，亦即矿物在岩石中的组合方式和空间分布情况。块状构造岩石各部分在成分和结构上均匀、无定向性；流纹状构造表现为不同颜色和结构的条带以及矿物斑晶、拉长气孔等的定向排列，反映熔岩流流动状态，是酸性熔岩中最常见的构造；气孔构造和杏仁构造是喷出岩中常见的构造，主要见于熔岩层的顶部。熔岩流冷凝过程中，尚未逸出的气体上升汇集于顶部，随着气体逸出，留下气孔形成气孔构造。一般顶部气孔多而圆，底部气孔少而不规则，中部气孔很少多为致密层。基性岩浆岩中气孔多呈形态较规则的圆形、椭圆形，并且气孔内壁较光滑，黏度较大的酸性岩浆形成的岩石中气孔多不规则，内壁不平整。当气孔被次生矿物充填后就形成杏仁构造，杏仁构造为方解石、沸石、玉髓、石英、绿泥石等一种或几种矿物的集合体。带状构造表现为岩石中具有不同结构或不同成分的条带交替，彼此平行排列，主要发育在基性、超基性岩中。岩浆岩中片状矿物、扁平捕虏体等呈定向排列，形成面理构造；柱状矿物、长形捕虏体等的长轴方向呈定向排列，则形成线理构造。这两种构造类型的成因有多种，可以是由于岩浆流动速度在不同部位的差异造成的（原生流动构造），也可以是岩体遭受应力作用的结果。枕状构造是海底基性熔岩中常见的构造，状似枕头，大小不等，一般顶面上凸、底面较平，外部为玻璃质壳，向内逐渐为显晶质，气孔或杏仁体呈同心层状分布。

（5）产状

岩浆岩的产状是指岩体的形态、大小、与围岩的接触关系及其形成的地质构造环境。根据侵入岩体与围岩的接触关系，可分为整合侵入体和不整合侵入体。整合侵入体的产状包括岩床、岩盆、岩盖等；不整合侵入体的产状主要包括岩脉、岩墙、岩株、岩基。喷出岩的产状与岩浆的性质及火山喷发形式有关，中心式喷发主要形成火山锥、熔岩流、岩钟、岩针等产状；裂隙式喷发主要形成熔岩被、熔岩台地、熔岩高原等产状；熔透式喷发形成熔岩被等。

故此，不同生成环境的岩浆岩的观察描述要点如下：

（1）深成侵入岩

深成侵入岩关键在于鉴定出矿物成分并估计其含量和色率。深成侵入岩的矿物颗粒一般在2mm以上，肉眼可以辨认。在岩石新鲜断口面上，根据矿物的颜色、晶形、解理、断口、光泽等特征仔细鉴定。同时，分析矿物共生组合，应注意一些指示矿物，主要是石英、橄榄石的存在与否及其含量。石英出现表示岩石的 SiO_2 过饱和；而富含镁的橄榄石的出现表示岩石的 SiO_2 不饱和且富含 MgO；霞石的出现表示岩石的 SiO_2 不饱和且富含碱。所以，石英不与富镁橄榄石、霞石共生。一般，含霞石的岩石为过碱性岩，橄榄石作为主要矿物则为超基性岩，石英的含量随岩石的酸度增加而增加。岩石中暗色矿物的总含量是色率最直观的特征，色率通常随基性程度增高而增高。一般暗色矿物在花岗岩中很少达到10%，在正长岩中少于20%，在二长岩中约占25%，在闪长岩中常为30%～35%，在辉长岩中常为40%～50%。

（2）浅成侵入岩

野外分布特征和产状是鉴定浅成岩的首要依据。浅成侵入岩、脉岩、潜火山岩三者的区别在于时空分布特征。浅成侵入岩和脉岩在空间分布上与深成岩共生，在时间上与深成岩同时或稍后形成，脉岩通常是沿区域性断裂分布。潜火山岩在空间上与火山岩关系密切，分布在火山岩区，在时间上与火山岩同时或稍晚。根据斑晶矿物成分及其组合，可区别“玢岩”和“斑岩”，进而再命名。

当岩石为无斑隐晶结构，肉眼无法辨认矿物成分时，可参考岩石的颜色粗略命名。中酸性者多呈灰白、分红、浅灰色等，中基性者多呈深灰、暗绿、黑色。由于结晶程度较低，矿物颗粒细小，隐晶质岩石的颜色深于相应成分的深成岩。

（3）熔岩类

根据各种喷出岩的产状，可与具相似结构的浅成岩区别。根据特征的结构构造，如斑状结构、玻璃质结构、气孔或杏仁构造、流纹构造、枕状构造等，可与喷出产状的火山碎屑岩区别。中基性熔岩往往出现气孔、杏仁构成的分带性，具红顶绿底现象；中酸性熔岩可出现非常发育的流纹构造。鉴定熔岩时，应注意观察斑晶成分和组合，特别注意与斜长石共生的暗色矿物斑晶的种类、石英斑晶的有无和含量、似长石的出现与否。在岩石基质的结晶程度方面，基性熔岩的基质较酸性熔岩结晶程度高，前者常为全晶质的细粒隐晶质结构，后者常呈玻璃质和隐晶质结构或玻璃质结构。

由于岩浆喷出地表时氧化作用较强，故熔岩比相应成分的潜火山岩更常见紫红色；酸性玻璃质熔岩常呈较深的颜色。

(4) 火山碎屑岩

火山碎屑岩是火山作用的产物，是指岩浆经火山爆发作用所形成的各种固态碎屑物质，经空气或水体搬运并直接降落堆积而成的岩石。火山碎屑岩的物质成分全部或主要来源于岩浆；而其碎屑物则经过搬运、堆积、胶结、压实或熔结等地质作用而形成岩石。因此，火山碎屑岩是介于熔岩和沉积岩之间的过渡性岩石。

鉴定火山碎屑岩，首先要根据喷出产状以及呈层状产出和火山碎屑结构，区别于侵入岩和熔岩；然后，根据火山碎屑物类型、含量、粒度形态等特征确定火山碎屑岩大类或亚类。再者，初步观察和判断胶结物成分和胶结方式。最后，根据晶屑和塑性岩屑成分判断岩浆成分，进行岩石命名。

3.1.2 沉积岩的野外观察与描述

沉积岩的野外观察主要包括以下 7 个方面：岩性、颜色、结构、构造、层厚、沉积岩整体的形态、化石。

(1) 沉积岩的颜色

沉积岩的颜色是沉积岩层的特殊标志，其一方面是沉积岩的表面现象，另一方面还反映组成岩石的物质成分、气候和介质等方面的特征。岩石颜色的成因可根据颜色与层理的相互关系及其在一个层的范围内的变化情况来判别。

(2) 沉积岩的成分

沉积岩的物质成分按成因分为三类。第一类是继承组成部分，即原来就已存在的岩石经物理风化的破碎产物，或火山喷发的碎屑物质，或内碎屑以及少量的宇宙尘经过地质营力搬运而沉积下来。第二类是同生组成部分，由真溶液中或胶体溶液中沉积的矿物，或部分由于生物生化作用的产物；第三类是成岩后生组成部分，是沉积物沉积后在成岩作用阶段或后生作用阶段中所产生的新矿物，或由于某些物质重新分配与聚集而形成的细脉、变晶、结核等。

(3) 沉积岩的构造

沉积岩的构造指沉积岩中各组成部分的空间分布和排列方式，其最显著的宏观标志就是成层构造，即层理。据此，很容易与岩浆岩、变质岩相区别。

3.1.2.1 陆源碎屑岩

碎屑岩包括四种基本组成部分，即碎屑颗粒、杂基、胶结物和孔隙。碎屑颗粒的大小和成分决定了岩石的基本特征，为碎屑岩分类的主要依据。根据碎屑颗粒大小的不同，碎屑岩可分为砾岩、砂岩、粉砂岩和泥质岩。碎屑岩的结构观察包括颗粒形态、分选程度、胶结类型及碎屑颗粒的组构形式等。其中，碎屑颗粒形态包括圆度、球度和形状三个方面，以圆度对颗粒形态的意义较大；碎屑颗粒的形态，除砾石可在野外直接观察外，砂级以下的颗粒需在室内借助仪器研究。通过观察碎屑颗粒与填隙物的相对含量和相互间的关系，可以确定其分选性及胶结类型。不同环境条件下形成的砾岩具有不同的组构特征。砂岩中的交错层理是最常见的重要沉积构造。

鉴定陆源碎屑岩，着重观察其岩石结构与主要矿物成分。首要，是看碎屑结构。其次，看碎屑岩的矿物成分（碎屑颗粒成分和胶结物成分）。在碎屑岩中，常见的胶结物有铁质（氧化铁和氢氧化铁）、硅质（二氧化硅）、泥质（黏土质）、钙质（碳酸钙）等。铁质胶结物多呈红色、褐红色或黄色。硅质最硬，小刀刻不动；钙质滴稀 HCl 起泡。弄清楚了结构和成分，就可为碎屑岩定名。

3.1.2.2 碳酸盐岩

碳酸盐岩主要由方解石和白云石等自生碳酸盐矿物组成，主要分为以方解石为主的石灰岩和主要由白云石组成的白云岩。碳酸盐岩的结构主要有粒屑结构、生物骨架结构和结晶结构，它们反映了不同的成因，是碳酸盐岩的主要鉴定特征，也是分类命名的主要依据。碳酸盐岩的沉积构造类型很多，有与流水作用有关的类似于陆源碎屑岩的层理和层面构造，又有类似于黏土岩的与气候密切相关的各种层面构造，还有缝合线构造。

碳酸盐岩的突出特征是加稀盐酸起泡，多数富含生物化石，粒度较细。从岩石结构类型来看，具各种粒屑结构（如内碎屑结构、生物碎屑结构、鲕粒结构等）的碳酸盐岩多为石灰岩；生物骨架结构则是石灰岩所特有的；具结晶结构者则可能是石灰岩和白云岩。利用滴加稀盐酸（5%）后的起泡情况可以区别白云岩和石灰岩：纯白云岩不起泡；起泡强烈而迅速的为纯石灰岩；起泡呈中等程度的则石灰岩中含有混入物，如白云质、硅质等；起泡弱的石灰岩中混入物含量较高；如果起泡后留下泥质痕迹则表明石灰岩中含有泥质。

石灰岩多呈暗色，白云岩多呈浅色。

3.1.2.3 其他

有无生物遗骸是判断属于生物化学岩或是化学岩的标志。化学岩成分常较单一，多为单矿物岩石，故此可按其矿物的物理性质进行鉴定。化学岩具有化学结构，即结晶粒状结构和鲕状结构等；生物化学岩具生物结构，即全贝壳结构、生物碎屑结构等。

黏土岩主要依据是其泥质结构。黏土岩矿物颗粒非常细小，肉眼仅能按其颜色、硬度等物理性质及结构、构造来鉴定。多具滑腻感，黏重，有可塑性、烧结性等物理性质。层理是黏土岩中最明显的特征，因此，人们就按黏土岩层理（若层理厚度小于 1mm 称页理）及其固结程度进行分类，将固结程度很高、页理发育，可剥成薄片者称作页岩。页岩常含化石，黏土岩中以页岩为主。将那些固结程度较高、不具页理，遇水不易变软者称泥岩。最后，再根据颜色与混入物的不同进行命名，如可称作紫红色铁质泥岩、灰色钙质页岩等。

总体来说，对沉积岩进行野外鉴定时，要描述岩石整体的颜色；区分岩石是碎屑结构、泥质结构或结晶结构和生物结构等；据其矿物成分、颗粒大小及颜色上的差异，观察岩石的层理，注意层面上波痕、泥裂等构造特征；要描述组成岩石的主要矿物、碎屑物及胶结物等成分。对砾石的形状、大小、磨圆度和分选性等特征要描述，并要确定胶结类型，以及胶结程度，进而遵循“颜色＋胶结物＋岩石名称”的法则对沉积岩进行命名。此外，还需注意沉积岩体形状、岩层厚度及产状、风化程度、化石保存情况及其类属。

3.1.3 变质岩的野外观察与描述

野外鉴别变质岩的方法、步骤与前述岩浆岩类似，主要根据其构造、结构和矿物成分。第一步可先根据构造和结构特征，初步鉴定变质岩的类别。譬如，具有板状构造者称板岩；具有千枚构造者称千枚岩等。具有变晶结构是变质岩的重要结构特征，例如，变质岩中的石英岩与沉积岩中的石英砂岩尽管成分相同，但前者具变晶结构，而后者却是碎屑结构。第二步再根据矿物成分含量和变质岩中的特有矿物进一步详细定名。

（1）变质岩的矿物成分

变质岩中的矿物成分及变质矿物特征取决于原岩的化学类型和变质作用条件。不同变质条件下同一化学类型的岩石有不同的矿物。低温高压条件下生成的变质矿物有蓝晶石、硬柱石、硬玉；低压条件下的变质矿物有红柱石、堇青石、硅灰石等；高温高压条件下的变质矿物有绿辉石、镁铝榴石等。

（2）变质岩的结构

变质岩的结构类型包括变余结构、变晶结构、碎裂及变形结构等。其中，变余结构是由于变质作用不彻底，致使原岩的矿物成分和结构被部分保留下来，形成变余结构。如变余砂状、变余粉砂状、变余泥状结构与沉积岩有关，泥质、粉砂质部分可形成较多的绢云母或白云母，但岩石外貌仍保留部分碎屑结构特征；而变余花岗结构、变余辉绿结构、变余斑状结构则与岩浆岩有关，岩石的基质甚至斑晶的矿物成分已改变，如辉石变成绿泥石等，但仍保留斑晶的晶形轮廓。变晶结构是变质重结晶和变质结晶作用形成的结构，呈全晶质结构。粒状变晶结构岩石主要由等轴粒状矿物（如石英、长石）组成，又称花岗变晶结构；鳞片变晶结构岩石主要由鳞片状（如绢云母）或片状（如云母）矿物组成；纤状变晶结构岩石主要由纤维状、针状矿物组成；斑状变晶结构岩石由变斑晶和基质两部分组成，变斑晶的形成与基质同时或稍晚，有时可见较多基质的包裹物分布在变斑晶内，变斑晶常为自形晶；角岩结构是接触热变质作用形式的特有结构，肉眼观察为隐晶质，颗粒不可分辨。碎裂及变形结构是岩石受应力作用而形成的特有结构，包括角砾状结构、碎斑结构和碎裂结构、糜棱结构。角砾状结构是岩石受脆性变形但强度不大时所形成的结构，岩石和矿物被破裂和压碎成大小不等（＞2mm）、形状不规则、棱角分明、杂乱分布的碎块，碎块之间充填较细的物质。碎斑结构和碎裂结构也是由于岩石发生脆性变形而成，受应力作用被破裂和压碎的矿物碎片可分为大小两群，较粗者称碎块，较小的碎片称为碎基。当碎块大于 2mm 且位移不大时，则称碎裂结构；若矿物碎片粒度较细（＜2mm）且边缘破碎，具明显位移时，则称碎斑结构。糜棱结构的肉眼可见特征为细小的矿物微粒和鳞片围绕着碎斑呈纹层状分布，碎斑含量不等，常常圆化、变形成眼球状、透镜状。

（3）变质岩的构造

常见变质岩的构造类型有变余构造、变质构造和混合构造，后者为混合岩所特有。变余构造是由于变质作用对原岩改造不彻底而保留的原岩的某些构造特征，常见有变余层理构造、变余波痕构造、变余杏仁构造等。变余构造包括斑点状构造、板状构造、千枚状构造、片状构造、片麻状构造、条带状构造、块状构造、流状构造。斑点状构造是接触变质初期形成的斑点板岩所特有的构造，特征表现为隐晶质的基质中分布一些形状不一、大小不等的斑点，肉眼不能辨别斑点的成分。板状构造为板岩所特有，系泥质岩石受压力作用形成的，表现为互相平行的破裂面（劈理面），如同板状，板理面上呈暗淡的或微弱的丝绢光泽，其原因是岩石没有重结晶。千枚状构造是一种低级定向构造，岩石中细小鳞片状矿物初步定向排列构成片理，片理面上有较强的丝绢光泽，但岩石重结晶程度不高。鳞片矿物多为绢云母、绿泥石。片状构造是变质岩中最常见、最典型的构造，表现为作为岩石主要组成部分的片、柱状矿物连续定向排列，构成片理面，肉眼可辨认矿物颗粒及成分。片麻状构造岩石主要由浅色粒状矿物组成，较少的片状及柱状暗色矿物呈断续定向排列。条带状构造为岩石中组分或结构不同的部分呈条带状排列。块状构造表现为岩石中矿物和结构的分布都较均匀，无定向性。流状构造表现为细小的碎基和新生的鳞片状、纤状矿物呈应力作用所致纹层状定向分布。

3.2　地质构造野外基本工作方法

3.2.1　地质罗盘的基本结构

地质罗盘是进行野外地质工作必不可少的一种工具，是地质工作者进行勘探最有保障的原始工具，也是野外生存的一大利器。借助它可以定出方向，观察点的所在位置，测出任何一个观察面的空间位置（如岩层层面、褶皱轴面、断层面、节理面等构造面的空间位置），以及测定火成岩的各种构造要素、矿体的产状等。

地质罗盘式样很多，但结构基本是一致的，常用的是圆盆式地质罗盘仪。它由磁针、刻度盘、测斜仪、瞄准觇板、水准器等几部分安装在一铜、铝或木制的圆盆内组成，如图3.1所示。

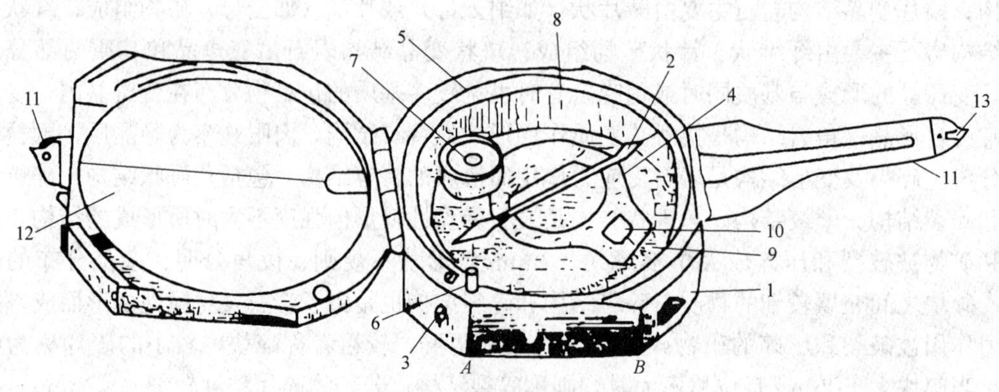

图3.1　地质罗盘构造

1—底盘；2—磁针；3—方位角刻度盘校正螺栓；4—倾斜仪；5—圆盘；6—磁针制动器；7—水准气泡；8—方位角刻度盘；9—倾斜角刻度盘；10—倾斜仪水准气泡；11—折叠式瞄准器；12—玻璃镜；13—观测孔

（1）磁针

一般为中间宽两边尖的菱形钢针，安装在底盘中央的顶针上，可自由转动，不用时应旋紧制动螺栓，将磁针抬起压在盖玻璃上避免磁针帽与顶针尖的碰撞，以保护顶针尖，延长罗盘使用时间。在进行测量时放松固定螺栓，使磁针自由摆动，最后静止时磁针的指向就是磁针子午线方向。在北半球国家使用的罗盘仪，缠有铜丝的一端为指南针，另一端为指北针。当磁针水平静止后，指北针指向刻度盘上对应的度数值为指北针所指方向的磁方位角（如果经过罗盘仪上的磁偏角校正，则为真方位角）。

（2）水平刻度盘

水平刻度盘的刻度采用的标示方式为：从零度开始按逆时针方向每10°一记，连续刻至360°，0°和180°分别为N和S，90°和270°分别为E和W，利用它可以直接测得地面两点间直线的磁方位角。

（3）竖直刻度盘

竖直刻度盘专门用来读倾角和坡角读数，以E或W位置为0°，以S或N为90°，每隔10°标记相应数字。

(4) 悬锥

悬锥是测斜器的重要组成部分，悬挂在磁针的轴下方，通过底盘处的倾斜仪制动器可使悬锥转动。当拨动制动器使倾斜仪水准气泡居中时，悬锥中央的尖端所指刻度即为倾角或坡角的度数。

(5) 水准器

水准器通常有两个，分别装在圆形玻璃管中，圆形水准器固定在底盘上，长条形水准器固定在测斜仪上。

(6) 瞄准器

瞄准器前后各一个，前置折叠式瞄准器又称指北标，由准星和观测孔组成，用来瞄准目标物。

3.2.2 地质罗盘的使用方法

1. 在使用前必须进行磁偏角的校正

因为地磁的南、北两极与地理上的南北两极位置不完全相符，即磁子午线与地理子午线不相重合，地球上任一点的磁北方向与该点的正北方向不一致，这两方向间的夹角叫磁偏角。

地球上某点磁针北端偏于正北方向的东边叫作东偏，偏于西边称西偏。东偏为（+）西偏为（—）。地球上各地的磁偏角都按期计算，公布以备查用。若某点的磁偏角已知，则一测线的磁方位角A磁和正北方位角A的关系为A等于A磁加减磁偏角。应用这一原理可进行磁偏角的校正，校正时可旋动罗盘的刻度螺旋，使水平刻度盘向左或向右转动（磁偏角东偏则向右，西偏则向左），使罗盘底盘南北刻度线与水平刻度盘0～180°连线间夹角等于磁偏角。经校正后测量时的读数就为真方位角。

2. 目的物方位的测量

测定目的物与测者间的相对位置关系，也就是测定目的物的方位角（方位角是指从子午线顺时针方向到该测线的夹角）。测量时放松制动螺栓，使对物觇板（瞄准器）指向测物，即使罗盘北端对着目的物，南端靠着自己，进行瞄准，使目的物、对物觇板小孔、盖玻璃上的细丝、对目觇板小孔等连在一直线上，同时使底盘水准器水泡居中，待磁针静止时指北针所指度数即为所测目的物之方位角（若指针一时静止不了，可读磁针摆动时最小度数的1/2处，测量其他要素读数时亦同样）。若用测量的对物觇板对着测者（此时罗盘南端对着目的物）进行瞄准时，指北针读数表示测者位于测物的什么方向，此时指南针所示读数才是目的物位于测者什么方向，与前者比较这是因为两次用罗盘瞄准测物时罗盘之南、北两端正好颠倒，故影响测物与测者的相对位置。为了避免时而读指北针，时而读指南针产生混淆，应以对物觇板指着所求方向恒读指北针，此时所得读数即所求测物之方位角。

3. 岩层产状要素的测量

岩层的空间位置决定于其产状要素，岩层产状要素包括岩层的走向、倾向和倾角。测量岩层产状是野外地质工作的最基本工作方法之一，必须熟练掌握。岩层层面产状的测量方法如图3.2所示。

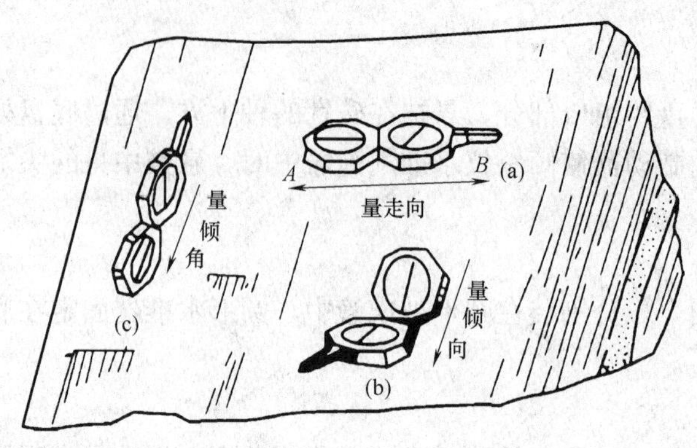

图 3.2 层面产状测量

（1）岩层走向的测定

岩层走向是岩层层面与水平面交线的方向也就是岩层任一高度上水平线的延伸方向。测量时将罗盘长边与层面紧贴，然后转动罗盘使底盘水准器的水泡居中，读出指针所指刻度即为岩层之走向。因为走向是代表一条直线的方向，可以两边延伸，指南针或指北针的读数正是该直线的两端延伸方向，如 NE30°与 SW210°均可代表该岩层走向。

（2）岩层倾向的测定

岩层倾向是指岩层向下最大倾斜方向线在水平面上的投影，恒与岩层走向垂直。测量时，将罗盘北端或接物觇板指向倾斜方向，罗盘南端紧靠着层面并转动罗盘，使底盘水准器水泡居中，读指北针所指刻度即为岩层的倾向。假若在岩层顶面上进行测量有困难时，也可以在岩层底面上测量仍用对物觇板指向岩层倾斜方向，罗盘北端紧靠底面，读指北针即可；假若测量底面时读指北针受障碍，则用罗盘南端紧靠岩层底面，读指南针亦可。

（3）岩层倾角的测定

岩层倾角是岩层层面与假想水平面间的最大夹角，即真倾角，它是沿着岩层的真倾斜方向测量得到的，沿其他方向所测得的倾角是视倾角。视倾角恒小于真倾角，也就是说岩层层面上的真倾斜线与水平面的夹角为真倾角，层面上视倾斜线与水平面夹角为视倾角。野外分辨层面之真倾斜方向甚为重要，它恒与走向垂直，此外可用小石子使之在层面上滚动或滴水使之在层面上流动，此滚动或流动方向即为层面真倾斜方向。测量时将罗盘直立并以长边靠着岩层的真倾斜线，沿着层面左右移动罗盘，并用中指搬动罗盘底部活动扳手使测斜水准器水泡居中，读出悬锥中尖所指最大读数，即为岩层真倾角。

岩层产状的记录方式通常采用下面的方式：

即方位角记录方式，如果测量出某一岩层走向为 310°，倾向为 220°，倾角 35°，则记录为 NW310°/SW∠35°或 310°/SW∠35°或 220°∠35°。

野外测量岩层产状时需要在岩层露头测量，不能在转石（滚石）上测量，因此要区分露头和滚石。区别露头和滚石，主要是多观察和追索并要善于判断。测量岩层面的产状时，如果岩层凹凸不平，可把记录本平放在岩层上当作层面以便进行测量。

3.2.3 褶皱的野外观察与测量

褶皱的空间位态主要取决于轴面和枢纽的产状，根据轴面倾角和枢纽倾伏角可以将褶皱分为 7 种类型，如表 3.2 所示。

褶皱位态分类　　表 3.2

序号	类型	特征
Ⅰ	直立水平褶皱	轴面倾角 80°～90°，枢纽倾伏角 0°～10°
Ⅱ	直立倾伏褶皱	轴面倾角 80°～90°，枢纽倾伏角 10°～70°
Ⅲ	倾竖褶皱	轴面倾角 80°～90°，枢纽倾伏角 70°～90°
Ⅳ	斜歪水平褶皱	轴面倾角 20°～80°，枢纽倾伏角 0°～10°
Ⅴ	斜歪倾伏褶皱	轴面倾角 20°～80°，枢纽倾伏角 10°～70°
Ⅵ	平卧褶皱	轴面倾角 0°～20°，枢纽倾伏角 0°～20°
Ⅶ	斜卧褶皱	轴面及枢纽的倾向、倾角基本一致，前者倾角 20°～80°，后者在轴面上的侧伏角为 20°～70°

野外观察褶皱构造时，首先进行的是几何学观察，目的在于查明褶皱的空间形态、展布方向、内部结构及各个要素之间的相互关系，进而推断其形成环境和可能的形成机制。

（1）褶皱识别

空间上地层的对称重复是褶皱的基本特征，故对其空间地层的对称重复进行校核是确定褶皱的基本方法。具体做法如下：在一定区域内选择和确定标志层，并对其进行追索，以确定剖面上是否存在转折端、平面上是否存在倾伏端或扬起端。

（2）褶皱位态观测

基岩露头上可见的褶皱全部暴露时，用罗盘直接度量其枢纽的倾伏向、倾伏角和轴面的倾向、倾角。若枢纽、轴面为曲线或曲面时，必须测量若干代表性区段的产状来说明二者的变化。当褶皱没有完全剥露时，可测量出褶轴（或枢纽）、轴迹、轴面中的任何两个要素，然后用赤平投影方法求出另一个数据。

（3）褶轴剖面形态

对于褶皱横剖面形态应侧重于枢纽、轴面、转折端形态、翼间角、轴面、包络面以及波长和波幅等褶皱要素、参数的观察、测量和描述。

（4）褶皱的伴生构造

① 褶皱两翼的小构造。利用层间擦痕（线）判断相邻岩层相对位移方向和主褶皱转折端位置以及类型，可根据其不对称类型、倾伏方向来确定它们处于大褶皱的位置并进一步恢复大褶皱总体形态。

② 褶皱转折端的小构造。观察节理和小断层的类型、特征，鉴别其力学性质，测量其产状要素，利用它们的组合系统和方位分析转折端的应力、应变状态；测量从属褶皱类型及其剖面深度的变化状况，进而结合地层时代关系确定褶皱性质。

针对褶皱构造的地质调查中，首先需要定观察点和制图，记录褶皱的地理位置和所处的大褶皱部位。其次，调查褶皱发育状况及相关地质概况并进行拍照，内容包括褶皱核部和两翼的地层及岩性，褶皱两翼、枢纽和轴面等要素的产状，褶皱对称性，褶皱在强层和弱层中发育的差异性，褶皱伴生组合要素及各自表现，不同部位岩层厚度及其变化等。

3.2.4 断裂的野外观察与测量

针对断裂的描述包括几何要素和位移两个方面，其中，几何要素有断层面、断层带、断层线、断盘（上盘和下盘）；位移要素包括滑距、断距、落差和平错等。

野外地质工作中，断层识别是工作的第一步。然而，并非所有的断层要素都能清楚的暴露于地表，通常采用不同尺度的构造观察相结合，利用多方面标志进行综合判断确定。表3.3给出了断层野外识别的主要标志。

断层野外识别标志 **表3.3**

识别标志	示例
地貌标志	断层崖、断层三角面、错断的山脊、泉水的带状分布等
构造标志	线状或面状地质体突然中断和错开、构造线不连续、岩层产状急剧变化、节理化和劈理化狭窄带的突然出现以及挤压破碎、擦痕和阶步发育等
地层标志	地层缺失或不对称重复
岩浆活动和矿化作用	串珠状岩体、矿化带、硅化带和热液蚀变带沿一定方向断续分布
岩相和厚度标志	岩相和厚度突变

断层观察的内容如表3.4所示。断层面产状可能比较平直且出露地表，也可能比较杂乱或被掩盖而无法直接测量。当产状平直且断层面出露地表时，可利用地质罗盘直接测量或利用V形法则判定。反之，则需要在与之伴生的节理、片理产状测量统计的基础上，综合钻孔资料或物探资料，用赤平投影等方法推断确定。判定两盘相对运动时应充分考虑其复杂性和多变性，分析两盘地层的相对新老关系有助于判断两盘的相对运动方向。对走滑断层，上升盘一般出露老岩层，但若断层倾向与岩层倾向一致且地层倒转或断层倾角小于岩层倾角时，则老岩层出露盘是下降盘。如果断层横切过褶皱，对背斜来说，上升盘核部变宽，下降盘核部变窄，向斜则反之。若断层两盘的岩层发生明显弧形弯曲形成牵引褶皱，其弧形弯曲的突出方向则指示本盘运动方向。擦痕和阶步是断层两盘相对错动时在断面上留下的痕迹，擦痕为一组比较均匀的平行细纹，擦痕由粗而深端向细而浅端一般指示对盘运动方向，感觉光滑的方向指示对盘运动方向。与擦痕直交的微细陡坎为阶步，阶步的陡坎一般面向对盘的运动方向。阶步有正阶步和反阶步之分，在野外可通过以下特征区分正阶步和反阶步：正阶步的眉峰常呈弧形弯转，反阶步的眉峰则呈棱角直切；如果阶步有擦抹矿物或在眉峰部位有压碎现象则常为正阶步。羽状节理（张节理和剪节理）在断层两盘相对运动中经常出现，这些派生节理与主断层斜交，交角的大小因力学性质不同而有所差异。羽状张节理与主断层常呈45°相交，锐角指示节理所在盘的运动方向。剪节理成对出现，一组与断层面呈小角度相交，交角一般在15°以下；另一组与断层面呈大角度相交或直交。小角度相交的一组节理，与断层所交锐角指示本盘运动方向。由于断层两盘的相对错动，两侧岩层有时可形成复杂的紧闭小褶皱，其轴面与主断层常呈小角度相交，所交锐角指示对盘运动方向。

断层野外观察内容 **表3.4**

调查对象	观察方法和内容
断层两盘的地层及其产状变化	走向断层引起的地层效应；横向断层引起的地层效应
断层面产状	直接测量，根据V形法则判定
断层两盘的相对运动方向	根据两盘地层的新老关系、牵引褶皱、擦痕、阶步、羽状节理、两侧小褶皱、断层角砾岩等
断层带的宽度	直接测量
断层的组合形式	如正断层的地堑和地垒、阶梯状断层；逆断层的单冲型、背冲型、对冲型、楔冲型、双冲构造等

3.2.5 节理的野外观察与测量

节理是存在于岩体中的裂缝，是岩体受力断裂后两侧岩块没有显著位移的小型断裂构造。节理的性质、产状、期次、组合、发育程度和分布规律与褶皱、断层乃至区域构造等有着密切的联系。

观测节理时，首先要了解区域褶皱、断裂的分布特点以及观察区段所在的构造部位。一般根据产状变化、光滑程度、充填情况等节理特点，组合形式以及尾端变化（如分叉、折尾、马尾状）等区分节理的力学性质，进而厘定张节理、剪节理或羽饰构造等类型。节理若被脉体充填，调查时要尽量收集脉体产状、规模、形态、间隔、充填矿物的成分及其生长方向等，根据节理或脉体特性进行分组，还要根据它们之间的相互关系确定形成顺序。节理产状测量与地层层面产状测量方法相同，利用地质罗盘进行直接测量。

3.2.6 现场观察与记录

1. 野外记录本的记录格式及要求

在野外工作的过程中，应将观察到的各种地质现象清楚、系统地记录在专用的野外记录本上。野外记录是最直接的原始资料，是野外地质勘察的成果，也是地质勘察中一切结论的基础。野外记录的质量直接关系到地质工作的质量，所以要求记录认真、态度严谨、格式规范、术语准确、字迹清楚。野外记录内容包括文字和图件两部分。

文字应记录在记录本的右页，要把在野外所观察到的地质与土质等内容按一定格式用铅笔记录在记录本上。记录除自己看外，还要供他人查阅，是一个地区最原始的资料，这完全不同于上课笔记或读书笔记。为使大家都能看懂记录，除文字清晰外，还要按一定格式记录。为了使记录规范，对文字记录特作如下要求：文字记录在野外完成，一般不能在室内想象或追忆记录；记录内容必须是自己观察到的地质现象；记录要清楚，格式要正确，如表 3.5 所示；只能用铅笔，不能用其他笔记录；记错的地方可用铅笔划掉或改正，不要用橡皮擦掉重新写，绝对不能撕掉废页；上交记录本时，页码齐全，不能缺失；记录本是专供记录野外地质现象之用，除记录与地质有关的内容外，不得记录任何其他内容；记录本用毕，上交所在单位或主管部门保管，不能遗失；记录产状要素，要另起一行，并用一定的符号表示，例如，岩层产状表示为 150°∠30°，前一数字表示倾向，后一数字表示倾角。

野外工程地质记录格式 **表 3.5**

2008 年 7 月 15 日　　星期二　　天气：晴 地点：　三家店 **路线：　三家店北——军庄路线** 任务： 1. 了解实习区交通及自然地理概况； 2. 学习地质罗盘仪的使用方法； 3. 观察基岩山区的地层与岩性、水文地质条件。 **No. 1 地质观察点** 位置：高架桥铁路 1 号隧道旁 目的：观察沉积岩特征 观察内容 1. 该地点观察到的地形有…… 2. ……

2. 图件记录

图件绘制在记录本的左页，是为了配合文字记录而进行的。在野外，记录者为了更清晰、更形象地把所观察到的地质现象表示出来而用文字又较难说清楚，这时可用图来表示内容。图常能起到简洁、直观、明了、形象的说明地质内容的作用，使阅读者能快速、正确地理解记录者所表示的内容，建立空间概念，这些特点均优于文字记录。图的类型有多种，可根据需要绘制不同的图件。土木工程专业的学生在野外地质实习中常用的有：地质素描剖面图、地质信手剖面图。无论何种图件，均必须具备：图名、比例尺、方位、图例及所表示的地质内容 5 部分内容，它们的相对位置关系要确定。作图要求图面内容正确、结构合理、线条均匀、清晰、整洁、美观等。

3. 室内整理

在野外记录的内容（如文字、图件等），回到室内要进行整理。原则上文字不能改动，只有由于下雨等种种原因而未来得及记录的内容，回到室内可以根据当天采回的标本或回忆加以补充，或者对一些记错的内容加以改正，但必须标上“补充”或“批注”等字，以免与野外记录相混淆。记录本上的图件要清绘，如需上墨时，用绘图铅笔沾绘图墨水或碳素墨水按野外用铅笔画好的线条逐一上墨，补充未完成的内容（如图例、图名等）。

3.2.7 野外地质素描图绘制

在野外所见到的典型地质现象，小的如一块标本、一个露头上的原生沉积构造或次生的构造变形（如断层和褶皱）剥蚀风化的现象，大的如一个山头甚至许多山头范围内的地质构造特征或内外动力地质现象（如冰蚀地形、河谷阶地、火山口地貌）等，均可用地质素描图表示。地质素描图不同于美术上的素描图，它不是简单的重复、所画即所见，而是要求通过细致观察来分析地质现象，抓住本质特征，用简洁的线条表示出所要揭示的地质现象。因此，地质素描图的制作往往超出了素描本身的内涵，带有不同程度的地质分析和解释。如何画好地质素描图？这不仅取决于个人的美术修养，更主要的取决于个人的地质专业水平。

地质素描从表现手法上大致可分为立体图形素描及平面图形素描两大类；从素描对象上又可从宏观到微观，大致分为地貌景观素描、剖面及构造素描、露头素描、手标本素描及镜下素描 5 部分，各部分都包含了上述立体图形表现手法和平面图形表现手法。

1. 地质素描表现手法举例

（1）地貌景观素描图

这类素描图的表现手法完全是以绘画理论为基础的（主要是透视学原理），用于反映大范围的地质构造、地质作用景观，其绘制的难度较大。

（2）剖面及构造素描图

这类素描的主要对象是范围不大的地质构造剖面或地质剖面，是常用的一种素描图。

（3）露头素描图

这是指在一个观测点上所见的某一重要地质现象的点的素描，一般表现的范围不超过数十平方米，往往只表现小范围内（几个平方米）的现象。这是野外工作最重要并且应用最多的一类素描图，绘制比较容易，应多绘、多练、多收集。

当露头出露好而且立体关系清楚时，就用立体图形表现；当露头的地质现象单一只出露一个面时，则用平面图形表现。

(4) 手标本素描图

主要指对可以被搬运的，可以采集下来带回室内进一步研究的标本所进行的素描。

2. 地质素描的一般步骤

这与一般绘图写生大致相同，但有其特点，可归纳为如下5个步骤。

(1) 观察与构思

仔细观察、分析地质素描对象的关系及其所反映的主要地质特征，抓住问题的实质，确定好所要表现的主要内容。进一步的观察要仔细、正确、透过现象看本质，要画好素描图必须建立在对地质现象正确认识的基础上。

(2) 取景

就是确定素描的具体范围，包括素描主题的确定、素描位置的选择、内容的取舍及整个画面的安排。其中，以素描者视角位置的选择最为重要。

(3) 构图

用轻线条在素描纸上划分出素描对象的各部分比例，并勾绘出大体的轮廓线，做到各部分大小比例适度，合乎近大远小等透视原理及其法则。

(4) 画线

对于素描对象的各部分几何形态，按常见的几何块面形象地分绘出各部分的具体轮廓线，并进一步刻画出细部和加光（即适当的阴影线，以突出立体感觉，但不宜加得过多）。

(5) 标注及文字说明

主要包括：图中的重要地层产状、构造要素、素描图的方位。主要山头、标高、村落、河流、道路及其名称。地质体的分界、代表符号、图例。比例尺可用数字的、线条的，而更多的是加用陪衬物作比例。图名及简要文字说明（均列于图下方）。作者、日期、地点及所属观测点的编号。

3. 剖面示意图绘制

(1) 地层剖面示意图

地层剖面示意图是表示地层在野外出露实际情况的概略性图件，用于路线地质工作中。它是在勾绘出地形轮廓剖面的基础上，进一步反映出某一或某些地层的产状、分层、岩性、化石产出部位、地层厚度及接触关系等地层的特征。地层剖面示意图的地形剖面与地层分层的厚度是目估而非实际测量的，这是它与地层实测剖面图的主要区别。

绘图步骤如下：

① 确定剖面方向，一般均要求与地层走向线垂直。

② 选定比例尺，使绘出的剖面图不致过长或过短，同时又能满足表示各分层的需要。如果实际剖面长，地层分层内容多而复杂时，剖面图要长一些，相反则短一些。一般来说，一张图尽量控制在记录本的长度以内，对于绘图和阅读都是比较方便的。如果实际剖面长度是30m，其分层厚度是数米以上时，则可用1：200或1：300的比例尺作图。

③ 按选取的剖面方向和比例尺勾绘地形轮廓，地形的高低起伏要符合实际情况。

④ 将地层及其分层的界线，按该地层的真倾角数值用直线画在地形剖面的相应点下方。这时从图上就可量出各地层及其分层的真厚度，注意检查图上反映出的厚度与目估的实际厚度是否一致。如不一致，须找出绘图中的问题所在，加以修正。

⑤ 用各种通用的花纹和代号表示各地层及分层的岩性、接触关系和时代，并标记出

化石产出部位、地层产状。

⑥ 标出图名、图例、比例尺、方向及剖面上地物的名称。

(2) 信手地质剖面图

当横穿过构造线走向进行路线综合地质观察时，应绘制观察路线的信手地质剖面图，如图 3.3 所示。它表示路线上地质构造在地表以下的情况。这是一种综合性的图件，既要表示出地层，又要表示出构造，还要表示岩体和其他地质现象、地形起伏、地物名称，以及其他所需表示的综合性内容。信手地质剖面图是在野外观察过程中绘成的，而不是在地质图上切下来的。

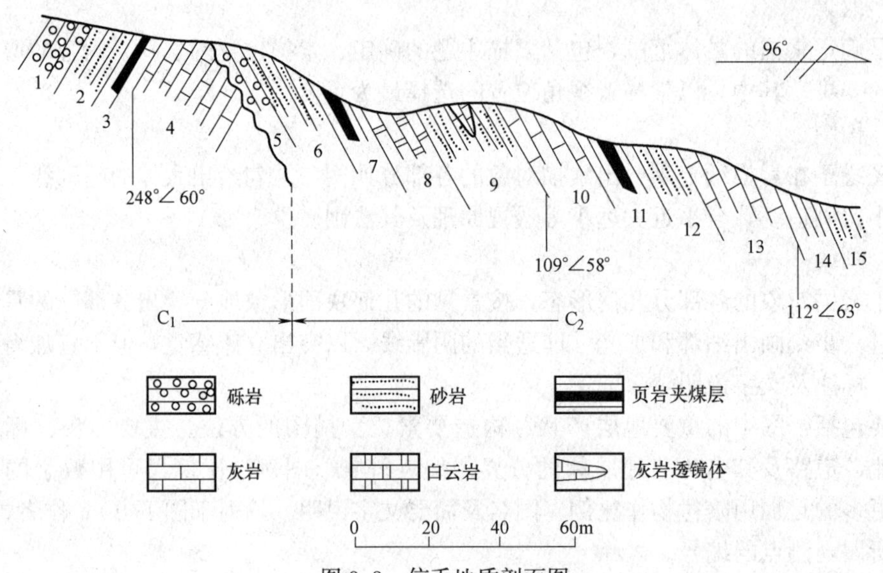

图 3.3 信手地质剖面图

信手地质剖面图中的地形起伏轮廓是目测的，但要基本上反映实际情况，各种地质体间的相对距离也是目测的，应基本正确，各地质体的产状则是实测的，绘图时应力求准确。图上内容应包括图名、方向、比例尺（一般要求水平比例尺和垂直比例尺一致）、地形的轮廓，地层的层序、位置、代号、产状，岩体符号、岩体的出露位置、岩性和代号、断层位置、性质、产状及地物名称。

绘图步骤如下：

① 估计路线总长度，选择作图的比例尺，使剖面图的长度尽量控制在记录本的长度以内。当然，如果路线长，地质内容复杂，剖面可以绘制长一些。

② 绘地形剖面，目估水平距离和地形转折点的高差，准确判断山坡坡度、山体大小。初学者易将山坡画陡，一般山坡不超过 30°，更陡的山坡人是难以顺利通过的。

③ 在地形剖面的相应点上，按实测的层面和断层面产状画出各地层分界面及断层面的位置、倾向与倾角，在相应的部位画出岩体的位置和形态。

④ 标注地层、岩体的岩性花纹、断层的动向、地层和岩体的代号、化石产地、取样位置等。

⑤ 写出图名、比例尺、方向、地物名称，绘制图例符号及其说明，习惯用的图例可以省略。

绘制好信手地质剖面图必须注意3个方面：第一，观测仔细无误；第二，分析判断正确；第三，作图技巧熟练。从作图技巧方面来说应注意3个准确：一是地形剖面画准确，要练习目测的能力，力求将水平距离与相对高差的关系反映正确，使地形起伏状况与实际情况相似；二是标志层和重要地质界线的位置要准确，如断层位置、煤系地层位置、火成岩体位置等；三是岩层产状要画准确，尤其是倾向不能画反，倾角大小要符合实际情况。此外，线条花纹要细致、均匀、美观，字体要工整，各项注记的布局要合理。绘图技巧要在实践中反复练习才行。当观察路线不能始终沿同一方向（一般都是垂直于构造线）连续进行（如通行困难）时，可以沿走向平移，如平移距离大，在图上可标示出向何方向平移多少米。当观察路线基本上是横穿构造线，仅有局部变化（因道路有转折）时，图上不必改变方向。

4. 实测剖面技术

(1) 目的及意义

为了建立正确的地层层序，确定地层时代、地层厚度及接触关系，掌握各时代地层的岩石组合特征、相带分布及岩性变化规律，确定地质测绘的填图单位和标志层，在正式开展地表平面测绘工作之前，应在工作区范围内或其紧邻地区精测相关的地层剖面。

实测剖面工作是综合性很强的基础地质工作，涉及岩石、矿物、地层、地质构造等多学科的综合知识。通过对剖面资料的对比和综合分析，认识并掌握测区的沉积环境与岩相的古地理特征，推测该区的地质发展史。实测剖面工作是保证填图质量的关键，也是必须掌握的基本功。

(2) 剖面布置原则

地层实测剖面应布置在构造简单（单斜）、地层层序发育齐全、接触关系清楚、化石丰富、标志层和相带清晰、岩性组合及地层厚度具代表性、露头及通视条件良好、通行方便的地段。

(3) 技术要求

剖面线方位应基本垂直于地层或主要构造线走向，两者之间的夹角一般不小于60°。剖面线通过的具体位置，除满足前述实测目的与任务要求外，还应注意基岩露头的连续性，故经常利用沟谷的自然切面及人工采掘面等作为剖面通过的位置。若某段露头不佳，在相邻地段露头好并有明显的层位标志时，可以采用层位平移法测制。若无明显的平移标志，也可考虑采用槽探、剥土等工程手段进行揭露。

根据测区岩性的复杂程度、岩石地层的划分和表示的详细程度，以及地质目的和经济效果来确定剖面比例尺。原则是能充分反映其最小地层单位或岩石单位。实测剖面比例尺一般采用1∶1000或1∶2000。

(4) 实测技术方法

经路线踏勘选定剖面位置以后，再制定人员组成、测量设备（如罗盘仪、皮尺、记录表格等）和工作进度计划。

人员组成及分工：测量组以4～5人为宜，其中1人分层、2人导线测量（前测手及后测手）、1人记录（测量数据、导线草图）、1人测量产状及采集标本。

分层应由地层专业人员负责，或全组集体观察后确定统一的分层意见和具体分层位置。分层的具体原则如下：

① 以岩性差异及接触关系为分层原则，对于不连续或不正常的接触关系（如沉积间断或角度不整合、断层等）务必分层描述记录。

② 分层时应根据岩性差异、沉积韵律、层理构造、基本层序特点和类型，以及特殊的化石层、含矿层、标志层等方面进行综合考虑。

③ 分层的精度据剖面比例尺大小而定。具体以能够反映最小分层尺度为准，即以图面 1mm 所表示的厚度为准。例如，1∶1000 的比例尺，最小分层厚度为 1m，但厚度小于 1m 的特殊层、含矿层、化石层亦应单独分出，扩大表示于图上，记录中必须注明其真实厚度。岩性单一或岩性组合单调的，可适当放宽分层厚度，分层厚度不得大于剖面比例尺最小表示厚度的 10 倍（或小于等于 5m）。

④ 分层位置用油漆按规定符号依次标定在露头上。

第4章

地质图的阅读

4.1　地质图的概念及图式规格

地质图是把一个地区的各种地质现象，如地层、地质构造等，按一定比例缩小后，采用规定的符号、颜色、各种花纹、线条将其表示在地形图上的一种图件，包括有平面图、剖面图和综合地层柱状图，并标明图名、比例、图例等。其中，平面图用来反映地表分布的地质现象，剖面图反映地表以下的地质特征，综合地层柱状图反映测区内所有揭露地层的顺序、厚度、岩性和接触关系等。

常见的地质图有表示地区地层分布、岩性和地质构造等基本地质内容的普通地质图、专门反映褶皱和断层等地质构造的构造地质图、反映第四纪松散沉积物属性的第四纪地质图、反映地区水文地质资料的水文地质图以及用于各种工程建设专用的工程地质图。工程地质图是在普通地质图的基础上，增加与工程建设有关的工程地质内容而成。图中内容包括：图名、图例、比例尺、岩层的性质、地质年代及其分布规律、地质构造形态特征、岩层的接触关系以及地形特征等。

比例尺是反映图件精度的指标，一般用数字（数字比例尺）或线条（线条比例尺）表示。比例尺越大，图件的精度越高，所反映的内容越详细、越准确。一般比例尺小于1∶20万～1∶100万的地质图为小比例尺地质图，比例尺为1∶5万～1∶10万的为中比例尺地质图，比例尺大于1∶1000～1∶25000的为大比例尺地质图。

图件中图例的排列规则一般为：首先，地层按由新—老进行排列，已确定时代的喷出岩、变质岩由新—老排在地层之后；然后，侵入岩按由新—老排列，时代未定侵入岩按由酸性—基性规律排列；再往后依次排列构造地质界限、褶皱、断层、节理、劈理、岩层产状等。责任表排在最后。

4.2　不同岩层产状在地质图上的特征

在地形地质图上，不同产状的岩层或地质界面的表现存在显著差异，其露头形状的变化受地势起伏和岩层倾角的控制。

在地质平面图上，水平岩层或水平构造的地层分界线与地形等高线一致或平行，并随地形等高线的弯曲而弯曲。较新的岩层分布在地势较高处，较老的岩层出露于地势较低处。

倾斜岩层面或地质界面的露头线是倾斜面与地面的交线（图4.1），故在地形地质图上和地面都是一条与地形等高线相交的曲线。当岩层的倾角与地形倾斜的方向相反时，岩层界线的弯曲方向（V形尖端）与地形等高线的弯曲方向相同，只是曲率要小一点[图4.2（a）]；当岩层的倾向与地形倾斜方向一致而倾角大于地形坡度时，岩层界线的弯曲方向与等高线的弯曲方向相反[图4.2（b）]；当岩层的倾向与地形倾斜方向一致而倾角小于地形坡度时，岩层界线的弯曲方向与地形等高线的弯曲方向相同，但其曲率要比等高线的大[图4.2（c）]。

直立岩层的岩层面或地质界面与地面的交线位于同一铅直面上，露头各点连线的水平投影都在一条直线上，因此，除岩层走向有变化外，直立岩层的地质界线在地质图上为一条与地形等高线相交的直线，不受地形的影响。

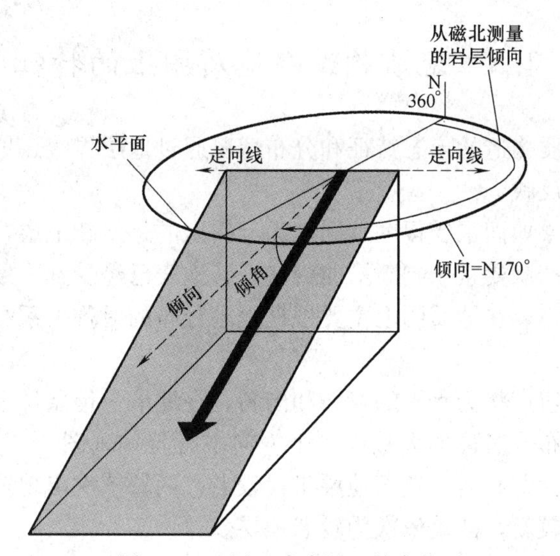

图 4.1 地层（或岩层）的产状

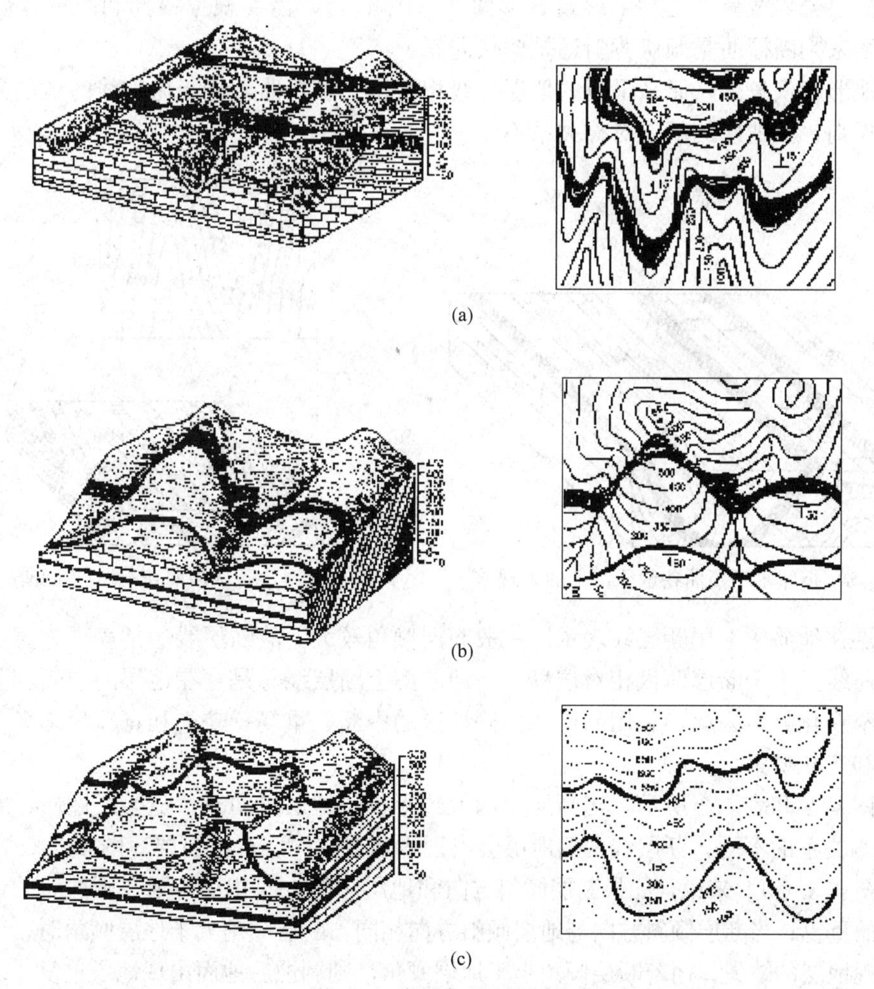

图 4.2 岩层与地面相交

4.3 地质构造在地质图上的特征

在地质图上，地质构造的形态特征和分布情况通过地层界线、地层年代符号、岩性符号和地质构造符号等反映。

对褶曲来说，如果地面未受侵蚀，则地面上露出的是最新地层，只能根据地质图上所标出的各部分岩层的产状要素来判断褶曲构造。若地表已经受到了侵蚀，则构成褶曲的新老地层在地表均有出露，在地质图上主要根据地层分布的对称关系和新老地层的相对分布来判断褶曲构造。

水平褶曲包括枢纽产状为水平的背斜和向斜，在地形平坦条件下，其地层分界线在地质平面图上呈带状分布、对称的大致向一个方向平行延伸（图 4.3）。核部只有一条单独出现的地层，当褶曲为背斜时，核部地层年代较老，两翼依次出现较新地层；当褶曲为向斜时，核部地层年代较新，两翼依次为较老地层。

在地形平坦条件下，倾伏褶曲的地层分界线在转折端闭合，当倾伏背斜与向斜相间排列时，地层分界线呈“之”字形或S形曲线（图 4.4），需要根据核部和两翼地层的相对新老关系来判断褶曲是倾伏背斜还是倾伏向斜。

若地形起伏较大，原来平行的地层界线将变得更加弯曲，近于抛物线的地层界线将变得不再规则，但地层的新老对称关系不变。

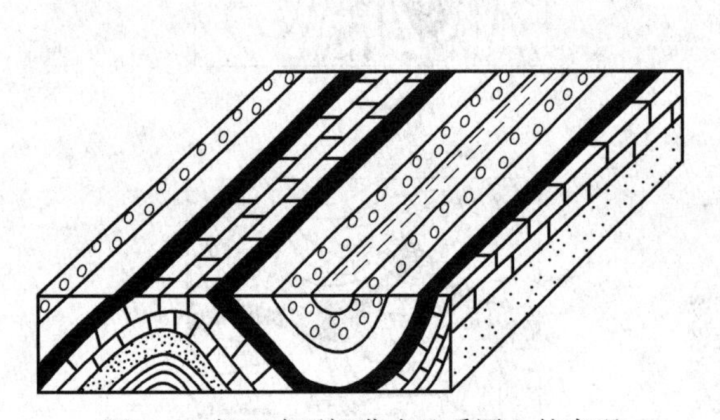

图 4.3 枢纽水平褶曲在地质图上的表现

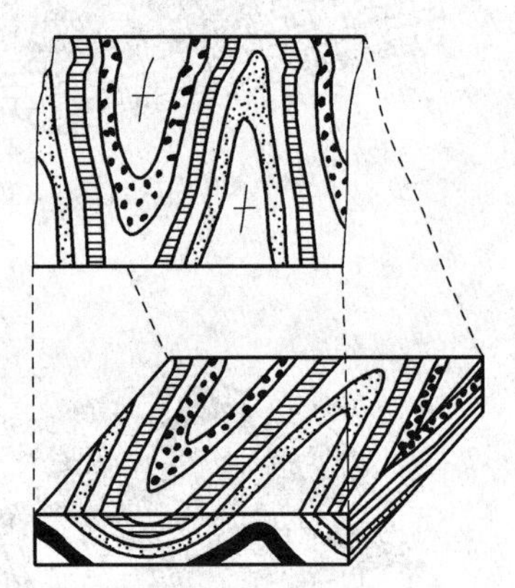

图 4.4 倾伏褶曲在地质图上的表现

断层在地质图上用断层线表示。一般断层倾角较大，故断层线通常表现为直线或曲率较小的曲线。由于断层两盘相对位移，在地质图上断层线总是存在地层的中断、重复、缺失或宽窄变化处，因此，利用断层线两侧地层的中断、重复、缺失和宽窄变化来分析断层的性质和产状要素。

如图 4.5 和表 4.1 所示，当断层走向大致平行于地层走向时，随断层性质、断层与地层的倾斜关系的不同，断层线两侧地层会出现重复或缺失。对正断层［图 4.5（a)、图 4.5（b）和图 4.5（c)］来说，如果断层倾斜方向和地层倾斜方向相反，则在剥蚀后的地面呈现出地层的重复；当断层倾斜方向与地层倾斜方向相同，断层倾角大于地层倾角时，剥蚀后地面会出现地层的缺失；而若断层倾角小于地层倾角，则剥蚀后地面出现地层重复。对于逆断层［图 4.5（d)、图 4.5（e）和图 4.5（f)］，则表现出与正断层相反的地质现象。

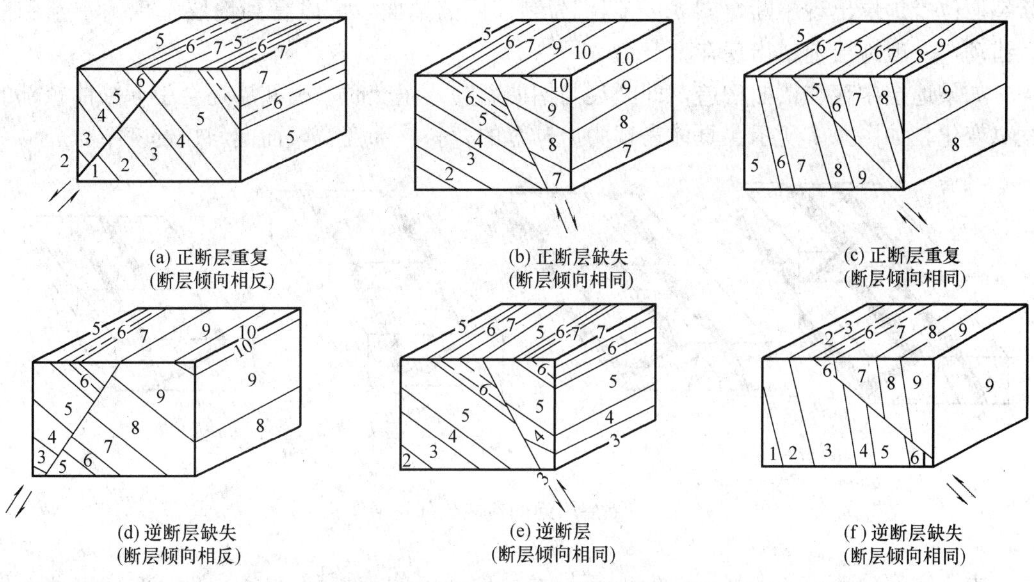

(a) 正断层重复（断层倾向相反） (b) 正断层缺失（断层倾向相同） (c) 正断层重复（断层倾向相同）

(d) 逆断层缺失（断层倾向相反） (e) 逆断层（断层倾向相同） (f) 逆断层缺失（断层倾向相同）

图 4.5 地层重复和缺失（断层走向大致平行于岩层走向时）

断层走向大致平行于岩层走向时地层重复或缺失 **表 4.1**

断层性质	断层倾斜与地层倾斜的关系		
	二者倾向相反	二者倾向相同	
		断层倾角大于地层倾角	断层倾角小于地层倾角
正断层	重复(A)	缺失(B)	重复(C)
逆断层	缺失(D)	重复(E)	缺失(F)

当断层走向斜交或垂直于地层走向时，如图 4.6 所示，地层将出现中断和前后错动。图 4.6（a）为断裂发生前地层沿其走向连续，图 4.6（b）和图 4.6（c）为断裂发生后在

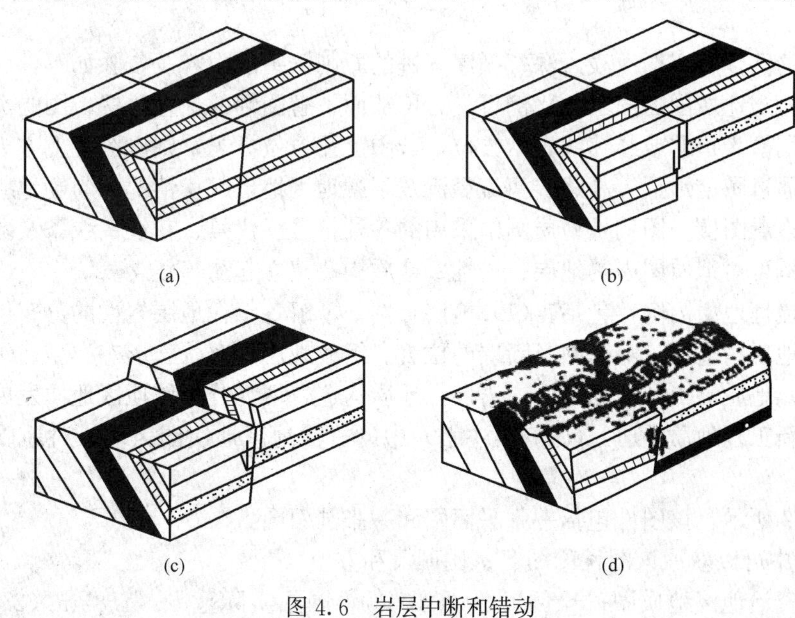

(a) (b) (c) (d)

图 4.6 岩层中断和错动

断裂面位置地层出现中断，图 4.6（d）为剥蚀后的地面，可以看到地层呈现为中断和前后错动，一般地层前错出现在上升盘。

如果地层中存在褶曲构造，即断裂与褶曲斜交或正交时，横断层还会引起褶曲核部的宽窄变化，如图 4.7 所示。具体表现为上升盘的背斜核部变宽，而向斜核部变窄。

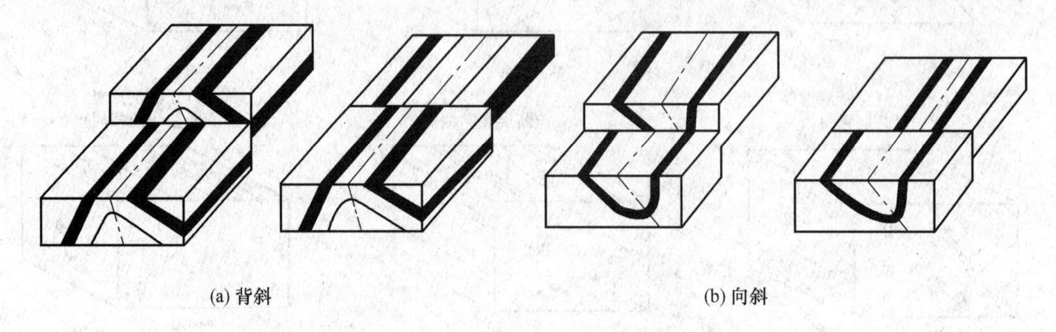

(a) 背斜　　(b) 向斜

图 4.7　断层引起的褶曲核部宽窄变化

由于大部分地质图上都用一定的符号表示出断层的类型和产状（图 4.8），因此，根据符号就可以在地质图上认识断层。

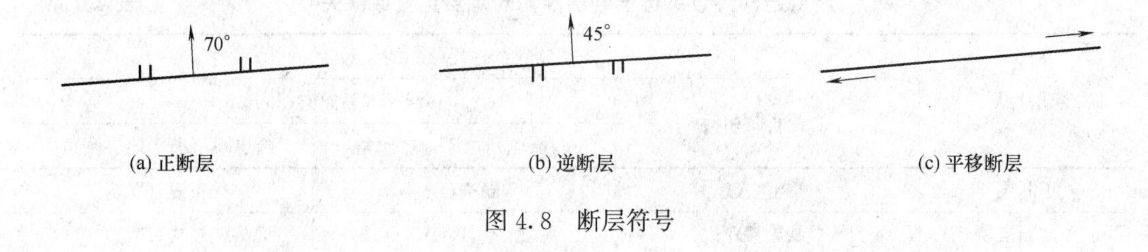

(a) 正断层　　(b) 逆断层　　(c) 平移断层

图 4.8　断层符号

4.4　地质图的阅读方法

地质图的阅读应遵循由浅入深、循序渐进的原则。一般内容及步骤如下：

第一，检查地质图的图名、比例尺、方位从而了解图幅的地理位置、图幅类别、制图精度。一般用箭头指北或经纬线表示方位，若图上无方位标志，则以图正上方为正北方。

第二，通过图上地形等高线、河流径流线了解地区地形起伏情况，勾勒地貌轮廓。

第三，查看图例。图例是地质图中采用的各种符号、代号、花纹、线条及颜色等的说明，通过图例可对地质图中的地层、岩性、地质构造建立起初步概念。

第四，梳理地质内容，包括：（1）地层岩性，了解各年代地层岩性的分布位置和接触关系。（2）地质构造，了解褶曲及断层的位置、组成地层、产状、形态类型、规模和相互关系等。（3）地质历史，根据地层、岩性、地质构造特征，分析该地区地质发展历史。

以《最新工程地质手册》（张有良主编）中的资治地区地质图为例，对地质图内容进行解读。

如图 4.9 所示，该图件包括一张平面图和一张剖面图。

1. 从图中可以获取该图件的图名、比例尺和方位

图名：资治地区地质图；比例尺：1∶10000；图幅实际范围：1.8km×2.05km；方

位：图幅正上方为正北方。

2. 地形和水系

本区有三条南北向山脉，其中东侧山脉被支沟截断。相对高差350m左右；最高点在图幅东南侧山峰，海拔350m；最低点在图幅西北侧山沟，海拔±0m以下。本区有两条流向东北的山沟，其中东侧山沟上游有一条支沟及其分支沟，从北西方向汇入主沟；西侧山沟沿断层发育。

3. 图例

由图例可见，本区出露的沉积岩由新到老依次为：二迭系（P）红色砂岩、上石炭系（C_3）石英砂岩、中石炭系（C_2）黑色页岩夹煤层、中奥陶系（O_2）厚层石灰岩、下奥陶系（O_1）薄层石灰岩、上寒武系（$\in_3$）紫色页岩、中寒武系（$\in_2$）鲕状灰岩。岩浆岩有前寒武系花岗岩（r_2）。有断层通过本区。

4. 地质内容

（1）地层分布与接触关系。前寒武系花岗岩岩性较好，分布在本区东南侧山头；年代较新、岩性较硬的上石炭系石英砂岩分布在中部南北向山梁顶部和东北角高处；年代较老、岩性较弱的上寒武系紫色页岩则分布在山沟底部；其余地层位于山坡上。从接触关系看，花岗岩没有切割沉积岩的界线且花岗岩形成年代老于沉积岩，其接触关系为沉积接触。中寒武系、上寒武系、下奥陶系、中奥陶系沉积时间连续，地层界线彼此平行，岩层产状彼此平行，为整合接触。中奥陶系与中石炭系之间缺失了上奥陶系至下石炭系的地层，沉积时间不连续，但地层界线平行、岩层产状平行，为平行不整合接触；中石炭系至二迭系又为整合接触关系。本区最老地层为前寒武系花岗岩，最新地层为二迭系红色石英砂岩。

（2）地质构造。如图4.9所示，图中以前寒武系花岗岩为中心，两边对称出现中寒武系至二迭系地层，年代依次变新，故为一背斜构造。背斜轴线从南到北由北西转向正北。顺轴线方向观察，地层界线封闭弯曲，沿弯曲方向凸出，所以是一轴线近南北并向北倾伏的背斜，此倾伏背斜两翼岩层倾向相反、倾角不等，东侧和东北侧岩层倾角较缓（30°），西侧岩层倾角较陡（45°），故为一倾斜倾伏背斜，轴面倾向北东东。

本区西部有一条北北东向断层，断层走向与褶曲轴线及岩层界线大致平行，此断层的断层面倾向东，东侧为上盘，西侧为下盘。比较断层线两侧的地层，东侧地层新，故为下降盘；西侧地层老，故为上升盘；因此，该断层上盘下降、下盘上升为正断层。从断层切割的地层界线看，断层生成年代在二迭纪后。断层两盘位移较大，说明断层规模大；断层带岩层破碎，沿断层形成沟谷。

（3）地质历史。根据上述分析，本地区在中寒武纪至中奥陶纪之间地壳下降，为接受沉积环境，沉积物基底为前寒武系花岗岩。上奥陶纪至下石炭纪之间地壳上升，长期遭受风化剥蚀，没有沉积，缺失大量地层。中石炭纪至二迭纪之间地壳再次下降，接受沉积。这两次地壳升降运动没有造成强烈褶曲及断裂。中寒武纪至中奥陶纪期间以海相沉积为主，中石炭纪至二迭纪期间以陆相沉积为主；二迭纪之后，地壳再次上升，长期遭受风化剥蚀，没有沉积。二迭纪后地层先遭受东西向挤压，形成倾斜倾伏背斜；后又遭受东西向拉张应力，形成纵向正断层。此后，本区趋于相对稳定。

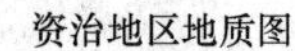
资治地区地质图

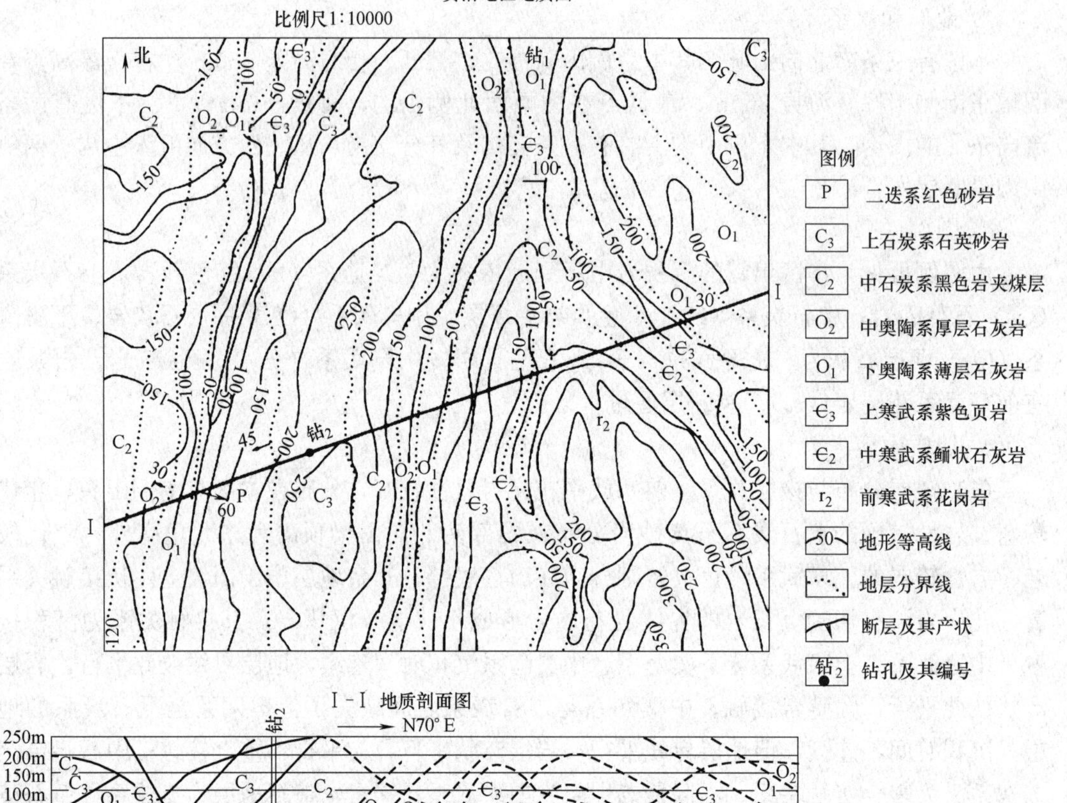
比例尺1:10000
北
钻$_1$
钻$_2$
图例
P 二迭系红色砂岩
C_3 上石炭系石英砂岩
C_2 中石炭系黑色岩夹煤层
O_2 中奥陶系厚层石灰岩
O_1 下奥陶系薄层石灰岩
ϵ_3 上寒武系紫色页岩
ϵ_2 中寒武系鲕状石灰岩
r_2 前寒武系花岗岩
50 地形等高线
地层分界线
断层及其产状
钻$_2$ 钻孔及其编号
Ⅰ-Ⅰ 地质剖面图
N70° E
250m
200m
150m
100m
50m
0
25°31′
56°19
45°

图 4.9　资治地区地质图

第 5 章

工程地质野外实习路线

5.1 房山周口店实习路线

周口店是北京人遗址所在地，是研究古人类演化、全球古气候变迁和古中华文明的圣地，周口店及其领域地学研究、教学资源十分丰富。从太古宙到新生代漫长地史演化过程中，形成并保留了较为完整的地质记录。图5.1为该地区的地质平面图。本条实习路线主要进行地质岩性观察。

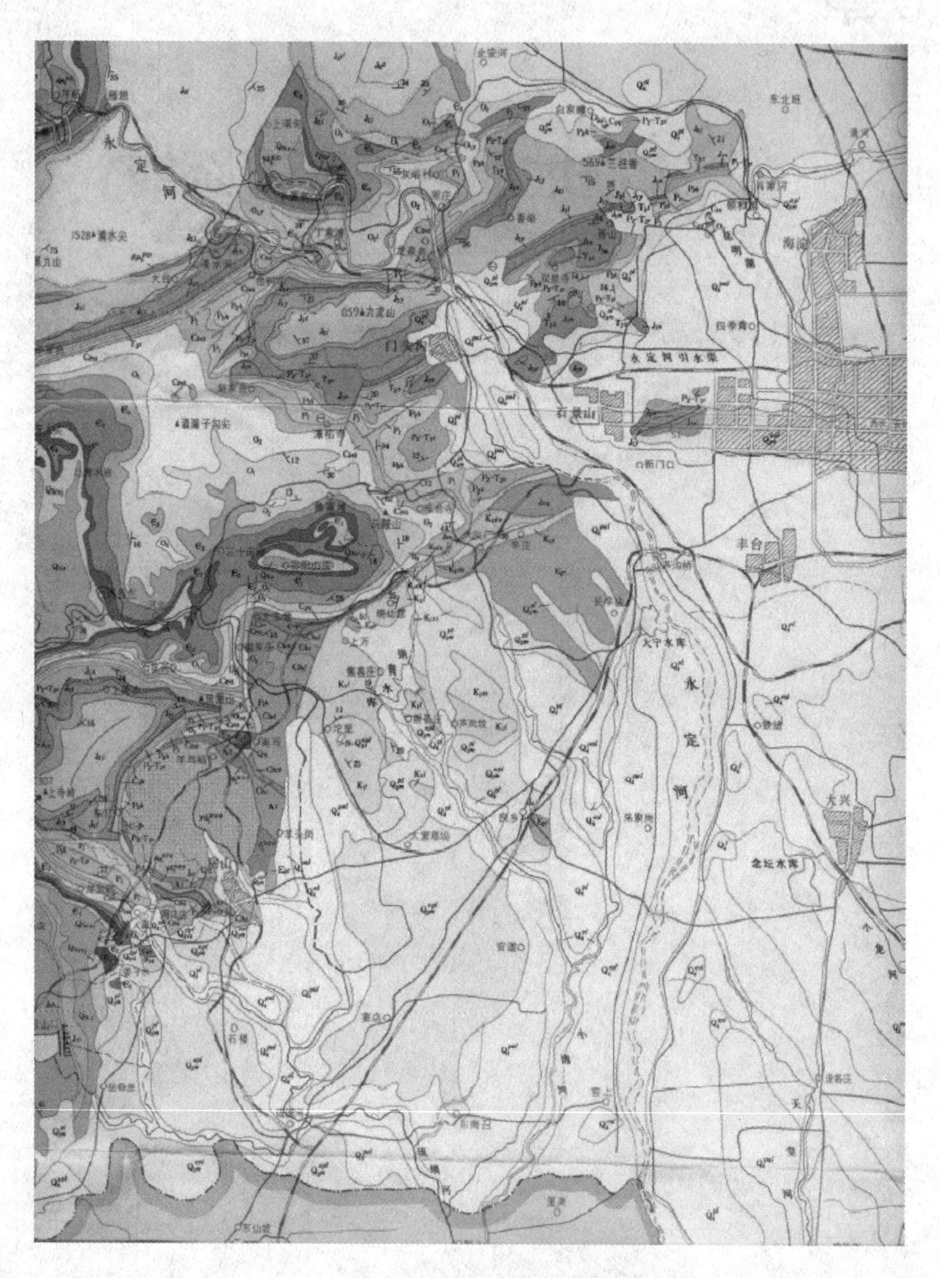

图5.1 北京市房山周口店实习路线地质平面图

本条路线实习围绕周口店官地村展开，实习区域地处房山世界地质公园周口店园区东北部，坐落于房山岩体与太平山向斜接触之地，地质遗迹资源极其丰富。这里的“房山岩体”（图 5.2）形成于 1 亿～1.5 亿年前，是认识地球构造演化的重要场所。在此处可以近距离观察球状风化这一大自然的鬼斧神工（图 5.3）和生物风化作用（图 5.4），岩浆岩系列以及变质作用形成的千枚岩、片岩、片麻岩、大理岩、变质石英砂岩等变质岩系列（图 5.5）。

图 5.2 “房山岩体”

图 5.3 球状风化

图 5.4　生物风化

(a) 灰色千枚岩

(b) 片岩

(c) 硅质条带大理岩

(d) 变质石英砂岩

图 5.5　出露的变质岩

本实习路线涉及的观察区域大致包括3个区域，如图5.6所示。其中，观察区域1位于山口村东，为采石场遗址，该区域主要观察岩浆岩和球状风化，通过该区域岩性观察了解该地区岩石的岩性、成因、形成年代、结构和构造、地质构造以及岩体结构特征。观察区域2位于山口村至官地村（山官路）的南侧山坡，在该区域主要观察岩性为变质岩系列，了解变质岩的形成年代、岩性、结构和构造、岩体结构类型和地质构造。观察区域3位于官地村东，沿道路观察第四纪堆积体（土体）以及一些沉积岩露头，要求实习过程中对土体的成因进行分析。

图5.6 观察区域

该条实习路线的主要观察点有：

地质观察点1：山口村东采石场岩浆岩；

地质观察点2：山口村东闪长岩球状风化；

地质观察点3：官地村东变质岩—片麻岩；

地质观察点4：官地村南变质岩—云母石英片岩；

地质观察点5：羊屎沟北第四纪堆积体；

地质观察点6：上升泉（马刨泉）；

地质观察点7：房山西断裂带。

5.2 门头沟三家店—军庄实习路线

门头沟三家店—军庄实习路线的任务主要是现场观察一套沉积岩系列，识别较为典型的地质构造，学习地质罗盘的使用并手绘一条地质剖面。同时，利用所学工程地质理论，对涉及的边坡问题和处理措施进行分析。

本条实习路线大部分位于北京西六环东侧，起点为三家店龙王庙，终点为军庄加油站；由南向北地层年代逐渐变老，由侏罗系九龙山组（J_{2j}）地层逐渐变为军庄镇东石炭系（c2＋3）地层。另一观测点在爱河湾公园对面野丁路东侧，为奥陶系地层，此观测点有典型的褶皱构造和岩溶现象。图5.7为该实习路线示意图，圈起部分为实习区域；图5.8为该地区的地质平面图。

图 5.7 门头沟三家店—军庄实习路线示意图

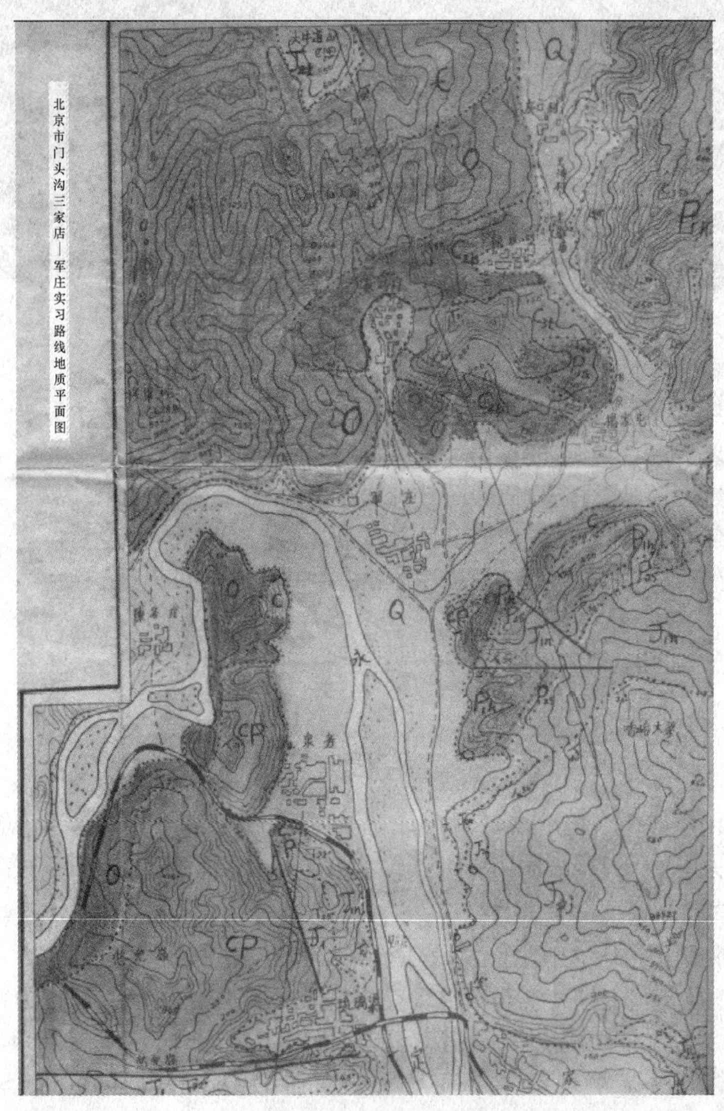

图 5.8 实习区域的地质平面图（示意）

该条实习路线的主要观察点有：

地质观察点 1：侏罗系九龙山组（J_{2j}）沉积岩；

地质观察点 2：隧道与边坡工程；

地质观察点 3：侏罗系九龙山组（J_{2j}）底砾岩；

地质观察点 4：上升泉；

地质观察点 5：铁路边坡路堑二迭系双泉组（P_{2s}）地层、构造；

地质观察点 6：南大岭（J_{1n}）组火山凝灰角砾岩、平推、逆断层；

地质观察点 7：军庄镇东石炭系（c2＋3）；

地质观察点 8：门头沟野溪河灰岩（O）、褶皱构造。

图 5.9～图 5.12 为本实习路线上的典型观察点照片。

图 5.9　褶皱构造

图 5.10　方解石岩脉

图 5.11　崩塌现象

图 5.12　断层构造

第6章

建筑场地的岩土工程勘察

6.1 勘察的目的
6.2 勘察内容与方法
6.3 勘察报告
6.4 勘察报告实例

6.1 勘察的目的

在建筑场地或相关地区进行工程地质条件和工程地质问题的研究，并作出评价的工作过程，称为工程地质勘察。勘察的目的主要是为城建、交通、水利水电、采矿工程等建设项目的规划选址、工程设计和施工提供可靠依据。

6.2 勘察内容与方法

勘察的内容简单说就是：查明工程地质条件，分析工程地质问题，并对场地的工程适宜性作出评价，进而选择合适场地并针对存在的工程地质问题提出建议、制定措施。

工程地质勘察的基本方法有工程地质测绘、工程地质勘探与取样、工程地质现场测试与长期观测、工程地质资料室内整理等。不同工程勘察阶段的勘察内容也不相同。可行性研究工程地质勘察阶段的主要任务是选定建筑场址（或线路方案），通过勘察对其稳定性和适宜性作出评价，经过技术经济论证选择最优方案。该阶段所采用的工程地质勘察方法主要为搜集资料、现场踏勘和地球物理勘探。初步勘察阶段的主要任务是确定建筑物的具体位置、选择建筑物地基基础方案、对不良地质现象的防治措施进行论证，需详细查明建筑场地工程地质条件。故该阶段采用的勘察方法包括钻探、试验、补充测绘和地球物理勘探以及长期观测。详细勘察阶段要配合技术设计或施工图设计，按不同建筑物提出详细的工程地质资料和设计所需的岩土技术参数。该阶段采用的勘察方法主要是试验和补充勘探。

6.3 勘察报告

工程地质勘察报告书和图件是工程地质勘察的成果，总结归纳该工程勘察资料用书面方式来表达，因而它是勘察成果的最终体现并作为设计部门进行设计的最重要的基础资料，故一份工程地质勘察报告包括文字部分和图件部分。文字部分一般包括绪论、一般部分、专门部分和结论。其中，绪论部分说明勘察工作的任务、采用的方法及取得的成果；一般部分阐述勘察场地的工程地质条件；专门部分对涉及的各种工程地质问题进行论证，并对任务书中所提出的要求和问题给予尽可能圆满的回答；结论部分在上述各部分的基础上对任务书中所提出的以及实际工作中所发现的各项工程地质问题作出简短明确的答案。图表部分主要是工程地质图和相应的表格。其中，工程地质图针对工程目的而编制，既反映制图地区的工程地质条件，又对建筑的自然条件给予综合性评价。故工程地质报告的图表内容包括工程地质平面图、勘探点平面布置图、工程地质柱状图、工程地质剖面图、原位测试成果图表、室内试验成果图表。

因此，工程勘察报告应根据任务要求、勘察阶段、工程特点和地质条件等编写，并应包括如下内容：

（1）拟建工程概况；

（2）勘察目的、任务要求和依据的技术标准；

（3）勘察方法和勘察工作布置；

（4）场地地形、地貌、地层、地质构造、岩土性质及其均匀性；

（5）场地各岩土层的物理力学性质指标，提供设计所需岩土参数；

（6）地下水埋藏情况、类型、水位及其变化，需要地下水控制时提供相关水文地质参数；

（7）土和水的腐蚀性评价；

（8）可能影响工程稳定的不良地质作用和对工程危害程度的评价；

（9）场地的地震效应评价；

（10）场地稳定性和适宜性的评价；

（11）地基基础分析评价；

（12）结论与建议；

（13）相关图表。

6.4 勘察报告实例

本次实习主要针对北京市某具体的建筑场地，通过现场调研，认识和学习该场地的工程地质勘察（岩土工程勘察）内容、方法和勘察报告的编写，根据该勘察报告完成后面的题目，从而加深对工程地质勘察的理解。

报告名称：北京工业大学学生综合服务中心岩土工程详细勘察报告

报告内容：参见附录一

思考题：

（1）概述本场地的工程地质条件。

（2）分析对本工程有影响的工程地质问题有哪些？

（3）试分析本场地的工程适宜性，并说明理由。

（4）影响本工程场地基坑开挖安全的主要因素有哪些？如何应对？

第 7 章

工程地质现场测试技术

工程地质现场测试是在土层原来所处的位置基本保持土体的天然结构、天然含水量以及天然应力状态下，测定土的工程力学性质指标。与钻探、取样、室内试验的传统方法比较起来，原位测试具有下列明显优点：(1) 可在拟建工程场地进行测试，无需取样，避免了因钻探取样所带来的原状样扰动等一系列困难和问题；(2) 原位测试所涉及的土尺寸较室内试验样品要大得多，因而能更好地反映土的宏观结构对土性质的影响。主要的土体原位测试技术包括：

静力载荷试验（Plate Loading Test，PLT）；

静力触探试验（Cone Penetration Test，CPT）；

圆锥动力触探（Dynamic Penetration Test，DPT）；

标准贯入试验（Standard Penetration Test，SPT）；

十字板剪切试验（Vane Shear Test，VST）；

扁铲侧胀试验；

旁压试验；

波速测试；

现场大型直剪试验；

块体基础振动试验。

土体原位测试方法大致分为如下两类：(1) 土层剖面测试法。主要包括静力触探试验、圆锥动力触探、扁铲侧胀仪试验及波速测试等，具有可连续进行、快速经济的优点。(2) 专门测试法。主要包括静力载荷试验、旁压试验、标准贯入试验、抽水和注水试验、十字板剪切试验等，可以得到土层中关键部位土的各种工程性质指标，精度高、测试成果可直接供设计部门使用，其精度超过室内试验的成果。表 7.1 给出了土体原位测试各类方法的适用范围和精度。

本章中针对工程地质现场测试技术主要介绍静力载荷试验和标准贯入试验，静力载荷试验的内容包括：(1) 静载荷试验（浅层平板载荷试验、深层平板载荷试验、处理后地基载荷试验、复合地基载荷试验）的试验仪器设备安装；(2) 静载荷试验（浅层平板载荷试验、深层平板载荷试验、处理后地基载荷试验、复合地基载荷试验）的具体过程；(3) 静载荷试验（浅层平板载荷试验、深层平板载荷试验、处理后地基载荷试验、复合地基载荷试验）的资料整理与分析。标准贯入试验的内容亦包括试验要点、影响因素与校正、试验结果应用。

另外，针对隧道掘进等基础设施建设中的不良地质探测方法，本章还对地质雷达技术（简称 GPR）以及隧道地震波反射体追踪技术（简称 TRT）进行了介绍。

土的原位测试方法、适用范围及精度一览表　　**表 7.1**

原位测试方法 \ 适用性 \ 指标及土层	判别液化	定土名	测剖面	U	φ	C_u (S_u)	D_r	C_c (m_v)	C_v (C_ϕ)	K	G (E)	承载力	K_0	OCR	应力应变线	硬岩石	软岩石	碎石土	砂土	粉土	黏性土	泥炭层
圆锥动力触探(DPT)	B	C	B	—	C	C	B	—	—	—	C	C	—	—	C	—	C	A	A	B	B	B
标准贯入(SPT)	A	A	B	—	B	C	B	C	—	—	B	B	—	C	—	—	C	—	A	B	B	C

续表

原位测试方法	指标及土层 / 适用性	判别液化	定土名	测剖面	U	φ	C_u (S_u)	D_r	C_c (m_v)	C_v (C_ϕ)	K	G (E)	承载力	K_0	OCR	应力应变线	硬岩石	软岩石	碎石土	砂土	粉土	黏性土	泥炭层
静力触探(CPT)	机械式	A	B	A	—	B	C	B	C	—	—	C	C	C	C	—	—	C	—	A	A	A	A
	电测式	A	B	A	—	B	C	B	C	—	—	B	B	C	C	—	—	C	—	A	A	A	A
	孔压式	A	B	A	A	B	B	B	C	A	B	B	B	C	B	B	—	C	—	A	A	A	A
	可测U、q_c、f_s式(CPTU)	A	A	A	A	B	B	B	C	A	B	B	B	C	B	B	—	C	—	A	A	A	A
	波速静力触探(SCPTU)	A	A	A	A	B	B	B	C	A	B	A	B	B	B	B	—	C	—	A	A	A	A
电测深		—	B	B	—	B	C	A	C	—	—	C	—	—	—	—	—	C	—	A	A	A	A
声波法		—	C	B	—	C	C	C	C	—	—	C	—	—	C	—	—	C	—	A	A	A	A
波速(跨孔、单孔、地表)法		B	C	C	—	—	—	—	—	—	—	A	—	—	—	—	A	A	A	A	A	A	A
袖珍贯入仪		—	B	—	—	B	C	—	C	—	—	C	B	C	C	—	—	—	—	A	A	A	A
旁压	预钻式(PMT)	C	B	B	—	C	B	C	C	C	—	A	A	C	C	C	A	A	B	A	A	A	C
	压入式(PPMT)	C	A	B	B	C	B	C	C	A	B	A	A	C	C	C	—	—	—	B	A	A	B
	全应变式(FDPMT)	C	C	B	B	C	B	C	C	A	B	A	A	C	C	C	—	—	—	A	A	A	A
	自钻式(SBPMT)	C	B	B	A	A	B	B	B	A	B	A	A	A	A	A	—	—	—	B	A	A	A
压入式板状膨胀仪(DMT)		C	B	A	—	C	D	C	C	—	—	B	B	B	B	B	—	C	—	A	A	A	A
野外十字板剪切(FVST)		—	C	C	—	—	A	—	—	—	—	—	B	C	B	—	—	—	—	—	B	A	A
平板载荷(PLT)		—	C	C	—	C	B	B	B	C	C	A	A	C	B	B	B	A	B	B	A	A	A
钻孔平板载荷		—	B	B	—	C	B	B	B	C	C	A	B	B	A	C	—	—	—	B	A	A	B
螺旋板载荷(SPLT)		—	C	C	—	C	B	B	B	C	C	A	A	C	B	B	—	—	—	A	A	A	A
抽水、注水		—	C	—	A	—	—	—	—	B	A	—	—	—	—	—	A	A	A	A	A	A	B
水裂法		—	—	—	A	—	—	—	—	C	C	—	—	B	B	—	B	B	C	C	B	A	C
K_0 测量板		—	—	—	—	—	—	—	—	—	—	—	—	B	B	—	—	—	—	B	A	A	B
核子试验		—	—	—	—	B	—	A	—	—	—	—	—	C	—	C	—	—	—	A	A	A	A
水平应力测量板		—	—	—	—	C	—	—	—	—	—	—	—	A	B	—	—	—	—	—	C	A	A
压力盒		—	—	—	—	—	—	—	—	—	—	—	—	B	B	—	—	—	—	—	C	A	A

注：A—很适用；B—适用；C—精度较差；— —不适用；U—土的孔隙水压力；φ—土的内摩擦角；C_u—土的不排水抗剪强度；D_r—砂土相对密度；C_c—土的压缩系数；C_v—黏土固结系数；K—土的渗透系数；G—土的剪切模量；E—土的压缩模量；K_0—土的侧压力系数；OCR—土的超固结比。

7.1 静力载荷试验

静力载荷试验是模拟建筑物基础工作条件的一种测试方法。该方法是在保持地基土的天然状态下，在一定面积的承压板上向地基土逐级施加荷载并观测每级荷载下地基土的变形特性，从而反映承压板以下 1.5～2 倍承压板宽的深度内土层的综合性状。

7.1.1 浅层平板载荷试验要点

国家标准《建筑地基基础设计规范》GB 50007—2011，规定了浅层平板载荷试验的要点，具体内容为：

C.0.1 地基土浅层平板载荷试验适用于确定浅部地基土层的承压板下应力主要影响范围

内的承载力和变形参数，承压板面积不应小于 0.25m^2，对于软土不应小于 0.5m^2。

C.0.2　试验基坑宽度不应小于承压板宽度或直径的 3 倍。应保持试验土层的原状结构和天然湿度。宜在拟试压表面用粗砂或中砂层找平，其厚度不超过 20mm。

C.0.3　加荷分级不应少于 8 级。最大加载量不应小于设计要求的两倍。

C.0.4　每级加载后，按间隔 10min、10min、10min、15min、15min，以后为每隔 0.5h 测读一次沉降量，当在连续 2h 内，每小时的沉降量小于 0.1mm 时，则认为已趋稳定，可加下一级荷载。

C.0.5　当出现下列情况之一时，即可终止加载：

1　承压板周围的土明显地侧向挤出；

2　沉降 s 急骤增大，荷载-沉降（p-s）曲线出现陡降段；

3　在某一级荷载下，24h 内沉降速率不能达到稳定标准；

4　沉降量与承压板宽度或直径之比大于或等于 0.06。

C.0.6　当满足第 C.0.5 条前三款的情况之一时，其对应的前一级荷载为极限荷载。

C.0.7　承载力特征值的确定应符合下列规定：

1　当 p-s 曲线上有比例界限时，取该比例界限所对应的荷载值；

2　当极限荷载小于对应比例界限的荷载值的 2 倍时，取极限荷载值的一半；

3　当不能按上述两款要求确定时，当压板面积为 0.25m^2～0.50m^2，可取 s/b=0.01～0.015 所对应的荷载，但其值不应大于最大加载量的一半。

C.0.8　同一土层参加统计的试验点不应少于三点，各试验实测值的极差不得超过其平均值的 30%时，取此平均值作为该土层的地基承载力特征值（f_{ak}）。

7.1.2　深层平板载荷试验要点

国家标准《建筑地基基础设计规范》GB 50007—2011，规定了深层平板载荷试验的要点，具体内容为：

D.0.1　深层平板载荷试验适用于确定深部地基土层及大直径桩桩端土层在承压板下应力主要影响范围内的承载力和变形参数。

D.0.2　深层平板载荷试验的承压板采用直径为 0.8m 的刚性板，紧靠承压板周围外侧的土层高度应不少于 80cm。

D.0.3　加荷等级可按预估极限承载力的 1/10～1/15 分级施加。

D.0.4　每级加荷后，第一个小时内按间隔 10min、10min、10min、15min、15min，以后为每隔 0.5h 测读一次沉降。当在连续 2h 内，每小时的沉降量小于 0.1mm 时，则认为已趋稳定，可加下一级荷载。

D.0.5　当出现下列情况之一时，可终止加载：

1　沉降 s 急剧增大，荷载-沉降（p-s）曲线上有可判定极限承载力的陡降段，且沉降量超过 0.04d（d 为承压板直径）；

2　在某级荷载下，24h 内沉降速率不能达到稳定；

3　本级沉降量大于前一级沉降量的 5 倍；

4　当持力层土层坚硬，沉降量很小时，最大加载量不小于设计要求的 2 倍。

D.0.6　承载力特征值的确定应符合下列规定：

1　当 p-s 曲线上有比例界限时，取该比例界限所对应的荷载值；

2 满足终止加载条件前三款的条件之一时，其对应的前一级荷载定为极限荷载，当该值小于对应比例界限的荷载值的2倍时，取极限荷载值的一半；

3 不能按上述两款要求确定时，可取$s/d=0.01 \sim 0.015$所对应的荷载值，但其值不应大于最大加载量的一半。

D.0.7 同一土层参加统计的试验点不应少于三点，当试验实测值的极差不超过平均值的30%时，取此平均值作为该土层的地基承载力特征值（f_{ak}）。

7.1.3 处理后地基载荷试验要点

行业标准《建筑地基处理技术规范》JGJ 79—2012对于处理后地基规定了其静载荷试验要点，详细内容如下。

A.0.1 本试验要点适用于确定换填垫层、预压地基、压实地基、夯实地基和注浆加固等处理后地基承压板应力主要影响范围内土层的承载力和变形参数。

A.0.2 平板静载荷试验采用的压板面积应按需检验土层的厚度确定，且不应小于$1.0m^2$，对夯实地基，不宜小于$2.0m^2$。

A.0.3 试验基坑宽度不应小于承压板宽度或直径的3倍。应保持试验土层的原状结构和天然湿度。宜在拟试压表面用粗砂或中砂找平，其厚度不超过20mm。基准梁及加荷平台支点（或锚桩）宜设在试坑以外，且与承压板边的净距不应小于2m。

A.0.4 加荷分级不应少于8级。最大加载量不应小于设计要求的2倍。

A.0.5 每级加载后，按间隔10min、10min、10min、15min、15min，以后每隔0.5h测读一次沉降量。当在连续2h内，每小时的沉降量小于0.1mm时，则认为已趋稳定，可加下一级荷载。

A.0.6 当出现下列情况之一时，即可终止加载，当满足前三种情况之一时，其对应的前一级荷载定为极限荷载：

1 承压板周围的土明显地侧向挤出；

2 沉降s急骤增大，压力-沉降曲线出现陡降段；

3 在某一级荷载下，24h内沉降速率不能达到稳定标准；

4 承压板的累计沉降量已大于其宽度或直径的6%。

A.0.7 处理后的地基承载力特征值确定应符合下列规定：

1 当压力-沉降曲线上有比例界限时，取该比例界限所对应的荷载值。

2 当极限荷载小于对应比例界限的荷载值的2倍时，取极限荷载值的一半。

3 当不能按上述两款要求确定时，可取$s/b=0.01$所对应的荷载，但其值不应大于最大加载量的一半。承压板的宽度或直径大于2m时，按2m计算。

A.0.8 同一土层参加统计的试验点不应少于3点，各试验实测值的极差不超过其平均值的30%时，取该平均值作为处理地基的承载力特征值。当极差超过平均值的30%时，应分析极差过大的原因，需要时应增加试验数量并结合工程具体情况确定处理后地基的承载力特征值。

7.1.4 复合地基载荷试验要点

行业标准《建筑地基处理技术规范》JGJ 79—2012对于复合地基规定了其静载荷试验要点，详细内容如下。

B.0.1 本试验要点适用于单桩复合地基静载荷试验和多桩复合地基静载荷试验。

B.0.2　复合地基静载荷试验用于测定承压板下应力主要影响范围内复合土层的承载力。复合地基静载荷试验承压板应具有足够刚度。单桩复合地基静载荷试验的承压板可用圆形或方形，面积为一根桩承担的处理面积；多桩复合地基静载荷试验的承压板可用方形或矩形，其尺寸按实际桩数所承担的处理面积确定。单桩复合地基静载荷试验桩的中心（或形心）应与承压板中心保持一致，并与荷载作用点相重合。

B.0.3　试验应在桩顶设计标高进行。承压板底面以下宜铺设粗砂或中砂垫层，垫层厚度可取100mm～150mm。如采用设计的垫层厚度进行试验，试验承压板的宽度对独立基础和条形基础应采用基础的设计宽度，对大型基础试验有困难时应考虑承压板尺寸和垫层厚度对试验结果的影响。垫层施工的夯填度应满足设计要求。

B.0.4　试验标高处的试坑宽度和长度不应小于承压板尺寸的3倍。基准梁及加荷平台支点（或锚桩）宜设在试坑之外，且与承压板边的净距不应小于2m。

B.0.5　试验前应采取防水和排水措施，防止试验场地地基土含水量变化或地基土扰动，影响测试结果。

B.0.6　加荷等级可分为（8～12）级。测试前为校核试验系统整体工作性能，预压荷载不得大于总加载量的5%。最大加载压力不应小于设计要求承载力特征值的2倍。

B.0.7　每加一级荷载前后均应各读记承压板沉降量一次，以后每0.5h读记一次。当1h内沉降量小于0.1mm时，即可加下一级荷载。

B.0.8　当出现下列现象之一时可终止试验：

1　沉降急剧增大，土被挤出或承压板周围出现明显的隆起；

2　承压板的累计沉降量已大于其宽度或直径的6%；

3　当达不到极限荷载，而最大加载压力已大于设计要求压力值的2倍。

B.0.9　卸载级数可为加载级数的一半，等量进行，每卸一级，间隔0.5h，读记回弹量，待卸完全部荷载后间隔3h读记总回弹量。

B.0.10　复合地基承载力特征值的确定应符合下列规定：

1　当压力-沉降曲线上极限荷载能确定，而其值不小于对应比例界限的2倍时，可取比例界限；当其值小于对应比例界限的2倍时，可取极限荷载的一半；

2　当压力-沉降曲线是平缓的光滑曲线时，可按相对变形值确定，并应符合下列规定：

1）对沉管砂石桩、振冲碎石桩和柱锤冲扩桩复合地基，可取s/b或s/d等于0.01所对应的压力；

2）对灰土挤密桩、土挤密桩复合地基，可取s/b或$s/d=0.008$所对应的压力；

3）对水泥粉煤灰碎石桩或夯实水泥土复合地基，对以卵石、圆砾、密实粗中砂为主的地基，可取s/b或$s/d=0.008$所对应的压力；对以黏性土、粉土为主的地基，可取s/b或$s/d=0.01$所对应的压力；

4）对水泥土搅拌桩或旋喷桩复合地基，可取s/b或$s/d=0.006$～0.008所对应的压力，桩身强度大于1.0MPa且桩身均匀时可取高值；

5）对有经验的地区，可按当地经验确定相对变形值，但原地基土为高压缩性土层时，相对变形值的最大值不应大于0.015；

6）复合地基荷载试验，当采用边长或直径大于2m的承压板进行试验时，b或d按2m计；

7）按相对变形值确定的承载力特征值不应大于最大加载压力的一半。

注：s 为静载荷试验承压板的沉降量；b 和 d 分别为承压板宽度和直径。

B.0.11 试验点的数量不应少于 3 点，当满足其极差不超过平均值的 30%时，可取其平均值为复合地基承载力特征值。当极差超过平均值的 30%时，应分析离差过大的原因，需要时应增加试验数量，并结合工程具体情况确定复合地基承载力特征值。工程验收时应视建筑物结构、基础形式综合评价，对于桩数少于 5 根的独立基础或桩数少于 3 排的条形基础，复合地基承载力特征值应取最低值。

7.1.5 试验仪器设备简介

1. 系统组成

（1）RS-JYB/C 主机	1 台
（2）中继器	1 台
（3）控载箱（控制电动油泵）	1 台
（4）位移传感器（调频式）	最多 12 只（JYC） 最多 8 只（JYB）
（5）压力传感器/力传感器	1 只
（6）电源适配器	1 只
（7）油路接口	1 套
（8）连线	若干
（9）分析软件	1 套

2. 系统连接

系统连接示意图见图 7.1，加荷系统的示意图见图 7.2。

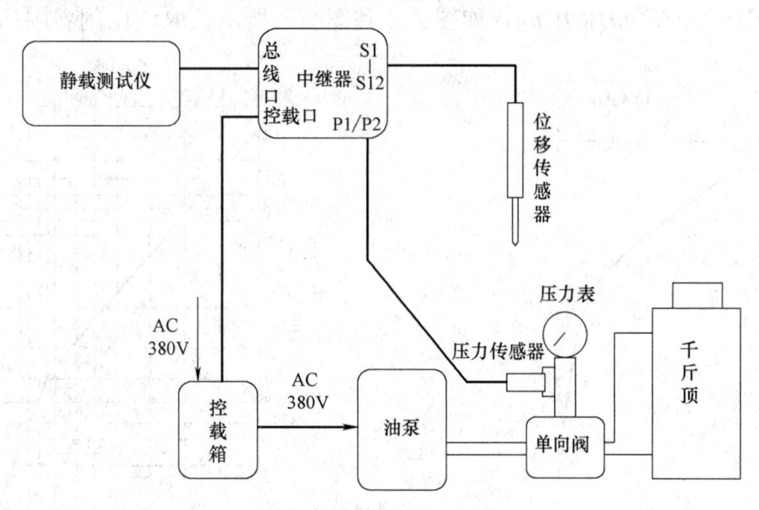

图 7.1 系统连接示意图

7.1.6 资料分析与应用

1. 资料分析方法

根据载荷试验成果分析要求，绘制荷载 p 与沉降 s 曲线（图 7.3），必要时绘制各级荷载下沉降 s 与时间 t 或时间对数 $\lg t$ 曲线。

根据 p-s 曲线拐点，必要时结合 s-$\lg t$ 曲线特征，确定比例界限压力和极限压力；当

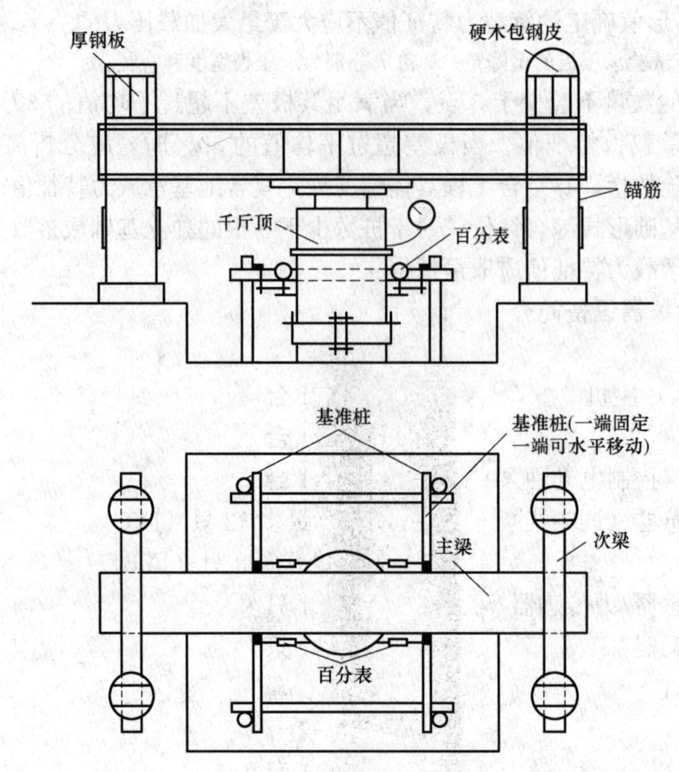

图 7.2　加荷系统的示意图

p-s 曲线上没有明显的直线段时，lg$p$-lg$s$ 曲线或 p-$\Delta s/\Delta p$ 曲线上的转折点所对应的压力即为比例界限压力或临塑压力 p_0，如图 7.4 和图 7.5 所示；取该比例界限压力即为地基

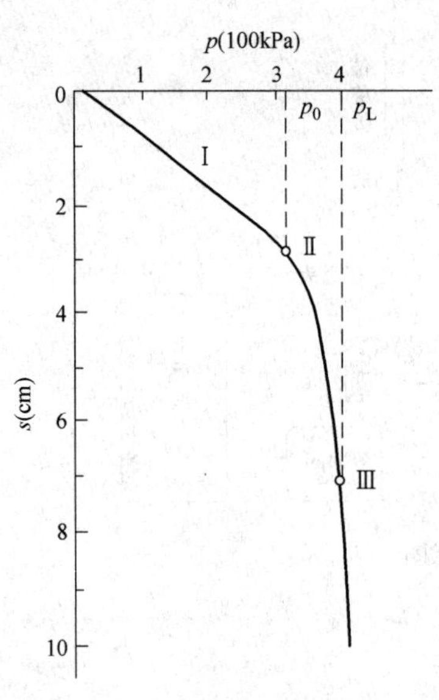

图 7.3　p-s 曲线

p_0—比例界限；p_L—极限界限；Ⅰ—压密阶段；Ⅱ—塑性变形阶段；Ⅲ—整体剪切破坏阶段

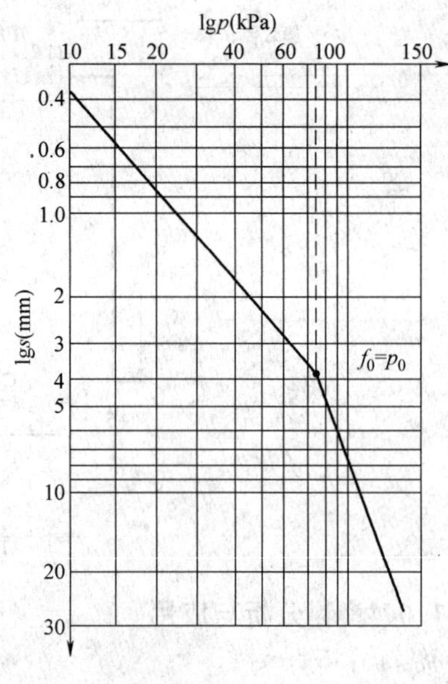

图 7.4　lg$p$-lg$s$ 曲线

承载力特征值。当 p-s 呈缓变曲线时，亦可取对应于某一相对沉降值（即 s/d，d 为承压板直径）的压力评定地基土承载力。

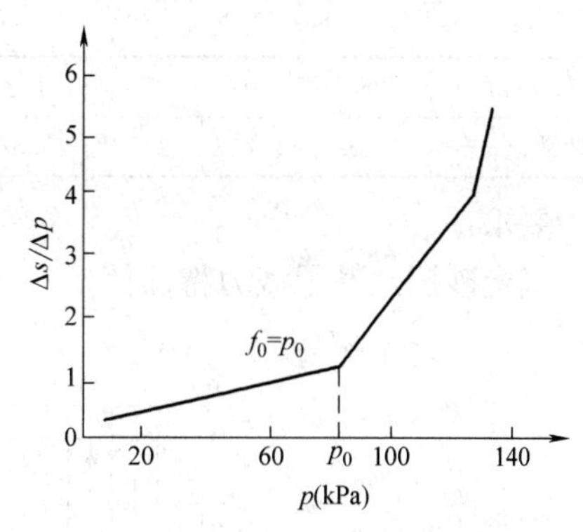

图 7.5　p-$\Delta s/\Delta p$ 曲线

浅层平板载荷试验的变形模量 E_0（MPa），可按式（7.1）计算：

$$E_0=I_0(1-\mu^2)\frac{pd}{s} \tag{7.1}$$

式中：I_0——刚性承压板的形状系数，圆形承压板取 0.785，方形承压板取 0.886；

μ——土的泊松比，碎石土取 0.27，砂土取 0.30，粉土取 0.35，粉质黏土取 0.38，黏土取 0.42；

d——承压板直径或边长（m）；

p——p-s 曲线线性段的压力（kPa）；

s——与 p 对应的沉降（mm）。

深层平板载荷试验的变形模量 E_0（MPa），可按式（7.2）计算：

$$E_0=\omega\frac{pd}{s} \tag{7.2}$$

式中：ω——与试验深度和土类有关的系数，可按表 7.2 选用。

深层平板载荷试验计算系数 ω　　　　**表 7.2**

d/z \ 土类	碎石土	砂土	粉土	粉质黏土	黏土
0.30	0.477	0.489	0.491	0.515	0.524
0.25	0.469	0.480	0.482	0.506	0.514
0.20	0.460	0.471	0.474	0.497	0.505
0.15	0.444	0.454	0.457	0.479	0.487
0.10	0.435	0.446	0.448	0.470	0.478
0.05	0.427	0.437	0.439	0.461	0.468
0.01	0.418	0.420	0.431	0.452	0.459

注：d/z 为承压板直径和承压板底面深度之比。

基准基床系数 K_V 可根据承压板边长为 30cm 的平板载荷试验，按式（7.3）计算：

$$K_V=\frac{p}{s} \tag{7.3}$$

式中：p/s——p-s 曲线直线段的斜率，如 p-s 曲线无初始直线段，p 可以取临塑荷载 p_0 的一半，s 为相应于 p 值的沉降值。

2. 应用案例

某工程实测数据，在稍密的砂层中做浅层平板载荷试验，承压板方形，面积 0.5m^2，各级荷载和对应的沉降量如表 7.3 所示，荷载-沉降量曲线如图 7.6 所示。

荷载-沉降量数据 **表 7.3**

荷载 p(kPa)	25	50	75	100	125	150	175	200	225	250	275
沉降量 s(mm)	0.88	1.76	2.65	3.53	4.41	5.3	6.13	7.05	8.5	10.54	15.8

要求：

确定砂层地基承载力特征值。

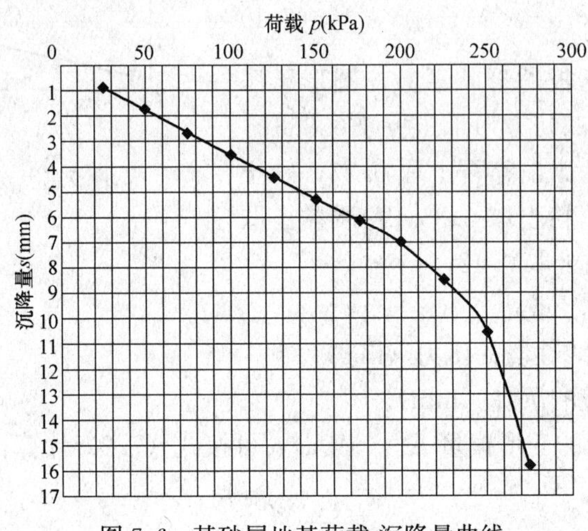

图 7.6 某砂层地基荷载-沉降量曲线

7.2 标准贯入试验

标准贯入试验（简称 SPT）是动力触探测试方法最常用的一种，适用于砂土、粉土和一般黏性土，不适用于软塑—流塑软土，其设备规格和测试程序在世界上已趋于统一。其探头为空心圆柱形，如图 7.7 所示。标准贯入试验的穿心锤质量为 63.5kg，自由落距 76cm，动力设备要有钻机配合，如图 7.8 所示。标准贯入试验设备规格见表 7.4。

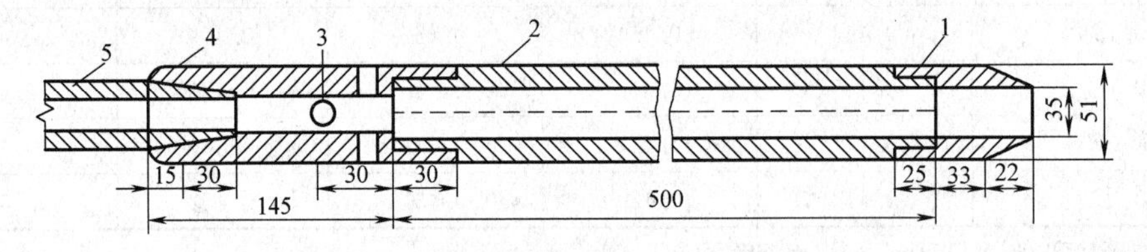

图 7.7 标准贯入器（单位：mm）

1—贯入器靴；2—贯入器身；3—排水孔；4—贯入器头；5—钻杆接头

标准贯入试验设备规格 **表 7.4**

落锤		锤的质量(kg)	63.5
		落距(cm)	76
贯入器	对开管	长度(mm)	>500
		外径(mm)	51
		内径(mm)	35

续表

贯入器	管靴	长度(mm)	50～76
		刃口角度(°)	18～20
		刃口单刃厚度(mm)	1.6
钻杆		直径(mm)	42
		相对弯曲	＜1/1000

7.2.1 试验要点

1. 与钻探配合进行，先钻进到需要进行试验的土层标高以上约15cm，清孔后换用标准贯入器并量得深度尺寸。

2. 采用自动脱钩的自由落锤法进行锤击，并减少导向杆与锤间的摩阻力，避免锤击时的偏心和侧向晃动，保持贯入器、探杆、导向杆连接后的垂直度。

3. 以每分钟15～30击的贯入速度将贯入器打入试验土层中，先打入15cm不计击数，继续贯入土中30cm，记录锤击数N。若地层比较密实，贯入击数较大时，也可记录贯入深度小于30cm的锤击数，按下式换算成贯入深度为30cm的锤击数N。

$$N=\frac{30n}{\Delta S} \tag{7.4}$$

图7.8 标贯试验

式中：n——所选取的任意贯入量的锤击数；

ΔS——对应锤击数n击的贯入量（cm）。

当锤击数已达50击，而贯入深度未达30cm时，可记录50击的实际贯入深度，按下式换算成相当于30cm的标准贯入试验锤击数N，并终止试验。

$$N=\frac{30\times 50}{\Delta S} \tag{7.5}$$

式中：ΔS——对应锤击数50击的贯入量（cm）。

4. 拔出贯入器，取出贯入器中的土样进行鉴别描述。

5. 若需进行下一深度的贯入试验时，则继续钻进，重复上述操作步骤。一般每隔1m进行一次试验。

6. 在不能保持孔壁稳定的钻孔中进行试验时，可用泥浆护壁。

7.2.2 影响因素及校正

1. 触探杆长度影响

考虑触探杆长度与试验结果的影响，可以按表7.5进行长度修正。

标准贯入试验触探杆长度校正系数 **表7.5**

地方标准	杆长(m)	≤3	6	9	12	15	18	21	24	25
南京	校正系数α	1.00	0.92	0.86	0.81	0.77	0.73	0.70		0.70

续表

地方标准	杆长(m)	≤3	6	9	12	15	18	21	24	25
福建	校正系数 α	1.00	0.92	0.86	0.81	0.77	0.73	0.70		0.68
河北		1.00	0.92	0.86	0.81	0.77	0.73	0.70		0.67
广东		1.00	0.92	0.86	0.81	0.77	0.73	0.70	0.67	
地方标准	杆长(m)	27	30	33	36	39	40	50	75	
南京	校正系数 α		0.68				0.64	0.60	0.50	
福建			0.65				0.60	0.55	0.50	
河北			0.64				0.59	0.56	0.50	
广东		0.64	0.61	0.58	0.55	0.52				

2. 土的自重压力影响

已有研究表明，砂土自重压力（上覆压力）对标准贯入试验结果有很大影响，如图7.9所示。

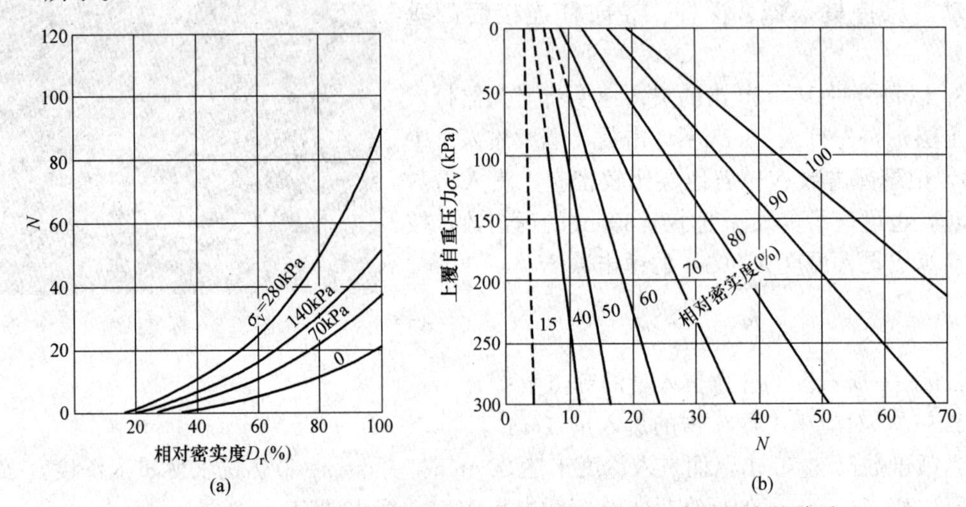

图7.9 标准贯入试验锤击数与砂土密实度和上覆土自重压力的关系

Peck（1974）建议采用式（7.6）考虑砂土自重压力对锤击数进行校正。

$$N=C_N\cdot N' \tag{7.6}$$

$$C_N=0.77\lg\frac{1960}{\sigma_v} \tag{7.7}$$

式中：N——校正为相当于自重压力等于98kPa的标准贯入试验锤击数；

N'——实测标准贯入试验锤击数；

C_N——自重压力影响校正系数；

σ_v——标准贯入试验深度处砂土有效上覆压力（kPa）。

《北京地区建筑地基基础勘察设计规范》DBJ 11—501—2009建议，当有效覆盖压力σ_v大于25kPa时，有效覆盖压力校正系数C_N按式（7.8）计算。式中η_N为与密实度有关的系数，按表7.6取值。

$$C_N=\frac{1}{\left[\frac{\eta_N(\sigma_v-25)}{1000}+1\right]^2} \tag{7.8}$$

有效覆盖压力校正系数取值 表 7.6

实测标准贯入击数 N'	30	15	5
η_N	0.45	0.80	3.80

注：可根据标准贯入试验进行插值。

3. 地下水位影响

《水利水电工程地质勘察规范》GB 50487—2008 规定，当标准贯入试验贯入点深度和地下水位在试验地面以下的深度时，实测标准贯入锤击数按式（7.9）进行校正。

$$N=N'\left(\frac{d_s+0.9d_w+0.7}{d'_s+0.9d'_w+0.7}\right) \tag{7.9}$$

式中：N'——实测标准贯入锤击数；

d_s——工程正常运用时，标准贯入点在当时地面以下的深度（m）；

d_w——工程正常运用时，地下水在当时地面以下的深度（m），当地面淹没于水面以下时取 0；

d'_s——标准贯入试验时，标准贯入点在当时地面以下的深度（m）；

d'_w——标准贯入试验时，地下水在当时地面以下的深度（m），当地面淹没于水面以下时取 0。

7.2.3 试验结果应用

（1）砂土的密实度判定

砂土的密实度可根据标准贯入试验锤击数按表 7.7 进行判定。表 7.8 列出了国内主要规范采用标准贯入试验锤击数判定粉土和砂土密实度的建议值。

砂土的密实度 表 7.7

标准贯入试验锤击数 N	密实度	标准贯入试验锤击数 N	密实度
$N\leqslant10$	松散	$15<N\leqslant30$	中密
$10<N\leqslant15$	稍密	$N>30$	密实

国内主要规范采用标准贯入试验锤击数判定粉土和砂土密实度 表 7.8

标准	地层	密实度				
		松散	稍密	中密	密实	极密
《岩土工程勘察规范》(2009 年版)GB 50021—2001	砂土	≤10	10～15	15～30	>30	—
《建筑地基基础设计规范》GB 50007—2011	砂土	≤10	10～15	15～30	>30	—
《公路工程地质勘察规范》JTG C20—2011	砂土	≤10	10～15	15～30	>30	
《城市轨道交通岩土工程勘察规范》GB 50307—2012	砂土	≤10	10～15	15～30	>30	—
《冶金工业建设岩土工程勘察规范》GB 50749—2012	砂土	≤10	10～15	15～30	>30	—

续表

标准	地层	密实度				
		松散	稍密	中密	密实	极密
《天津市轨道交通岩土工程勘察规程》DB/T 29—253—2018	粉土	≤8	≤12	12～18	>18	—
《上海市岩土工程勘察规范》DGJ 08—37—2012	砂质粉土、砂土	≤7	7～15	15～30	>30	—
《浙江省工程建设岩土工程勘察规范》DB 33/T 1065—2019	粉土	≤7	7～13	13～25	>25	—
	砂土	≤10	10～15	15～30	>30	—
《水运工程岩土勘察规范》JTS 133—2013	砂土	≤10	10～15	15～30	30～50	>50

注：1. 表内所列 N 值为实测击数；

2. 《水运工程岩土勘察规范》JTS 133—2013 对地下水位以下的中砂、粗砂，其 N 值宜按实测锤击数增加 5 击计。

(2) 地基承载力

国内外关于标准贯入试验与砂土、黏性土承载力的关系如表 7.9 所示。

标准贯入试验锤击数与地基承载力的关系　　表 7.9

研究者	回归公式	适用范围	备注
江苏省水利工程总队	$P_0=23.3N$	黏性土、粉土	不作杆长修正
冶金部成都勘察公司	$P_0=56N-558$	老堆积土	
	$P_0=19N-74$	一般黏性土、粉土	
冶金部武汉勘察公司	$N=3\sim23$ $P_0=4.9+35.8N_{机}$	第四纪冲、洪积黏土、粉质黏土、粉土	
	$N=23\sim41$ $P_0=31.6+33N_{手}$		
	$N=23\sim41$ $P_{kp}=20.5+30.9N_{手}$		
武汉市规划设计院 湖北勘察院 湖北水利电力勘察设计院	$N=3\sim18$ $f_k=80+20.2N$	黏性土、粉土	
	$N=18\sim22$ $f_k=152.6+17.48N$		
铁道部第三勘察设计院	$f_k=72+9.4N^{1.2}$	粉土	
	$f_k=-212+222N^{0.3}$	粉细砂	
	$f_k=-803+850N^{0.1}$	中、粗砂	
纺织工业部设计院	$f_k=\dfrac{N}{0.00308N+0.01504}$	粉土	
	$f_k=105+10N$	细、中砂	
冶金部长沙勘察公司	$N=8\sim37$ $f_k=360+33.4N$	红土	
	$N=8\sim37$ $f_k=387+5.3N$	老堆积土	

续表

研究者	回归公式	适用范围	备注
太沙基	$f_k=12N$	黏性土、粉土	条形基础 $F_s=3$
	$f_k=15N$		独立基础 $F_s=3$
日本住宅公团	$f_k=8.0N$		

注：1. P_0 为载荷试验比例界限（kPa）；

2. f_k 为地基承载力（kPa）。

（3）地基液化判别

饱和砂土和饱和粉土地基的判别可采用标准贯入试验判别方法。当未经杆长修正的实测标准贯入锤击数小于或等于液化判别标准贯入锤击数临界值时，饱和土可判为液化土。《核电厂抗震设计标准》GB 50267—2019 建议，在地面下 20m 深度范围内，液化判别标准贯入锤击数临界值可按式（7.10）计算：

$$N_{cr}=N_0[\ln(0.6d_s+1.5)-0.1d_w]\sqrt{3/\rho_c} \tag{7.10}$$

式中：N_{cr}——液化判别标准贯入锤击数临界值；

N_0——液化判别标准贯入锤击数基准值，可按表 7.10 取值；

d_s——饱和土标准贯入点深度（m）；

d_w——地下水位（m）；

ρ_c——黏粒含量百分率（%），当小于 3 或为砂土时，取值 3。

液化判别标准贯入锤击数基准值 N_0 **表 7.10**

极限安全地震动加速度峰值(g)	0.15	0.20	0.25	0.30	0.35	0.40
标准贯入锤击数基准值 N_0	10	12	14	16	18	20

《建筑抗震设计规范》GB 50011—2010（2016 年版）建议，在地面下 20m 深度范围内，液化判别标准贯入锤击数临界值可按式（7.11）计算：

$$N_{cr}=N_0\beta[\ln(0.6d_s+1.5)-0.1d_w]\sqrt{3/\rho_c} \tag{7.11}$$

式中：N_0——液化判别标准贯入锤击数基准值，可按表 7.11 取值；

β——调整系数，设计地震第一组取 0.80，第二组取 0.95，第三组取 1.05。

液化判别标准贯入锤击数基准值 N_0 **表 7.11**

设计基本地震加速度(g)	0.10	0.15	0.20	0.30	0.40
液化判别标准贯入锤击数基准值	7	10	12	16	19

对存在液化砂土层、粉土层的地基，按式（7.12）计算每个钻孔的液化指数，并按表 7.12 综合划分地基的液化等级。

$$I_{lE}=\sum_{i=1}^{n}\left(1-\frac{N_i}{N_{cri}}\right)d_iW_i \tag{7.12}$$

式中：I_{lE}——液化指数；

n——在判别深度范围内每一个钻孔标准贯入试验点的总数；

N_i、N_{cri}——分别为 i 点标准贯入锤击数的实测值和临界值，当实测值大于临界值时应取临界值；当只需要判别15m范围以内的液化时，15m以下的实测值可按临界值采用；

d_i——i点所代表的土层厚度（m），可采用与该标准贯入试验点相邻的上、下两标准贯入试验点深度差的一半，但上界不高于地下水位深度，下界不深于液化深度；

W_i——i点所代表的土层厚度的层位影响权函数值（m^{-1}）。当该层中点深度不大于5m时应采用10，等于20m时应采用零值，5～20m时按线性内插法取值。

液化等级与液化指数的对应关系 **表 7.12**

液化等级	轻微	中等	严重
液化指数I_{lE}	$0<I_{lE}\leqslant 6$	$6<I_{lE}\leqslant 18$	$I_{lE}>18$

7.3 隧道掘进中的不良地质探测

不良地质包括碎裂带、断层破碎带、溶洞等。这些不良地质体中往往富含地下水，给隧道等重大基础设施施工带来巨大隐患和安全风险。因此，对这些不良地质进行超前探测具有非常重要的意义。本部分仅针对隧道掘进中不良地质探测技术中的地质雷达探测技术（GPR）和隧道地震波反射体追踪技术（TRT）进行介绍，其他的探测技术请查阅相关教材和专著。

7.3.1 地质雷达探测技术

地质雷达作为一种新兴的探测技术由于其探测速度快，对地质结构没有损伤，对破碎带尤其是含水破碎带反应灵敏等特性，获得了各界好评，在我国已在数百项工程中得到了应用，并取得了显著成效。地质雷达系统主要由发射天线、接收天线和微机系统三个部分组成，如图7.10所示。地质雷达工作时，在微机系统的控制下，发射天线向地下发射脉冲式的高频电磁波，当电磁波遇见地磁波性差异较大的物体时一部电磁波会被反射回来，被接收天线接收，另一部分电磁波会继续向下传播，直至完全衰减消失。电磁波在岩体中传播时，由于岩体介电性质、位置和形状大小的不同，反射回来的电磁波在波形、时间上也会有所差异。结合接收到反射波的旅行时间、幅值、频率、波形变化资料和工程实况，可推断地质目的体的空间位置、内部结构和几何形态，就可以使用地质雷达对岩体进行超前预报。

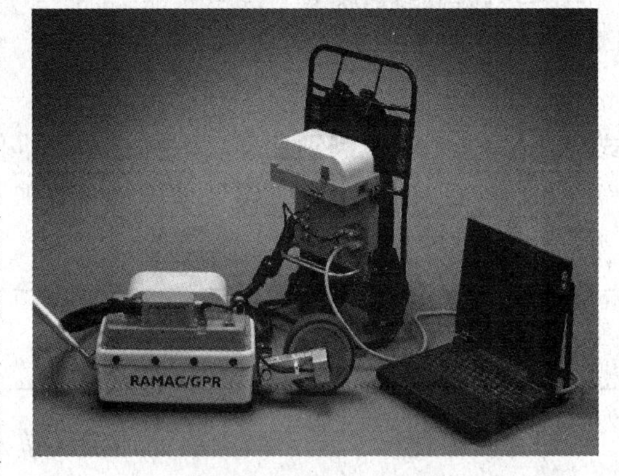

图7.10 瑞典MALA GEOSCIENCE公司生产的地质雷达

1. 工作原理

地质雷达探测是在对反射波形特性分析的基础上来判断地质目标体的，所以其探测效果主要取决于地质目标体与周围介质的电性差异、电磁波的衰减程度、目标体的埋深以及外部干扰的强弱等。其中，目标体与介质间的电性差异越大，二者的界面就越清晰，表现在雷达剖面图上就是同相轴不连续。可以说，目标体与周围介质之间的电性差异是探地雷达探测的基本条件，图 7.11 描述了地质雷达的工作原理。脉冲式电磁波从发射天线发出到被接收天线接收的时间称为双程走时 t，当求出电磁波在岩体中传播的波速时，可根据测得的精确时间 t 和电磁波在岩体中传播的波速求得地质目标体的深度或位置。

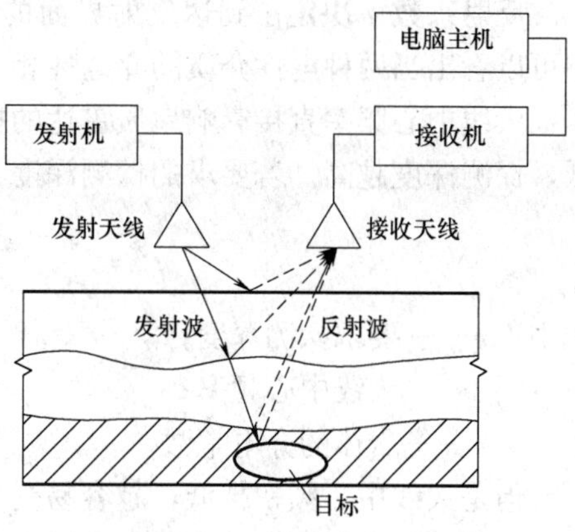

图 7.11　地质雷达工作原理

$$v=\frac{c}{\sqrt{\varepsilon}} \tag{7.13}$$

$$h=\frac{vt}{2}=\frac{ct}{2\sqrt{\varepsilon}} \tag{7.14}$$

式中：h——探测体深度；

v——电磁波在岩体中的传播速度；

t——电磁波从发出到接收到的时间；

c——电磁波在空气中的传播速度，即光速；

ε——岩体的介电常数，可根据表 7.13 取值。

典型介质的介电常数　　表 7.13

介质	相对介电常数	电磁波速(m/ns)
空气	1	0.3
蒸馏水	80	0.033
海水	3	0.1
干砂	3～5	0.15
饱和砂	22～30	0.06
灰岩	4～8	0.12
页岩	5～15	0.09
石英	5～30	0.07
黏土	5～40	0.06
花岗岩	4～6	0.13
冰	3～4	0.16

电磁波的反射是地质雷达技术应用的基础，电磁波在不同电性介质间传播时会在电性分界面上产生反射，反射波的能量由反射系数决定：

$$\gamma=\frac{\sqrt{\varepsilon_1}-\sqrt{\varepsilon_2}}{\sqrt{\varepsilon_1}+\sqrt{\varepsilon_2}} \tag{7.15}$$

反射系数γ决定了到达反射界面的电磁波能量中被反射部分的大小，从反射系数式中可以看出当两种电性介质的介电性相差越大时反射能量越强。

天线中心频率直接影响地质雷达的探测深度，频率和探测深度呈反比例关系，频率越低，探测深度越高。若要求的探测深度为x（m），则天线频率为：

$$f_c=\frac{150}{x\sqrt{\varepsilon}} \tag{7.16}$$

式中：x——要求探测深度；

f_c——天线中心频率；

ε——岩体的介电常数。

但是天线中心频率越低，越容易受到各种干扰源的干扰，分辨率越低，同时天线的体积也越大。因此，要考虑实际的探测环境、场地面积、要求的探测深度等因素对天线中心频率进行选择。

在探测时，时窗长度按下式确定：

$$\omega=1.3\frac{2H_{max}}{v} \tag{7.17}$$

式中：ω——时窗长度；

H_{max}——最大探测深度；

v——电磁波在岩体中的传播速度。

2. 信号处理

现场采集的雷达反射波构成的原始信号通常由直达波信号、干扰信号和有效信号组成。直达波信号是由地表反射回来的信号，干扰信号是由各种干扰源传递回的信号，只有有效信号才是检测所需要的信号。对采集回的信号，必须经过有效的处理甄别得出有效信号之后才能得出准确的探测效果。可以通过以下方法对数据信号进行处理：

(1) 去噪技术。通过多次叠加的方法对随机噪声进行抑制。

(2) 增益处理。对雷达信号处理前，先使各部分数据恢复到没有增益的效果，再根据测试时的实际情况进行整体和局部的增益处理，使整体信号、异常体信号以及干扰信号的反射波形更加易于识别和确认。

(3) 数字滤波。数字滤波就是根据数据中有效信号和干扰信号频谱范围的不同来消除干扰波。滤波处理一般是将时域滤波与空域滤波组合起来使用，从而实现雷达数据在时间和空间上的共同处理，基本的滤波处理压制干扰信号是根据数据中有效和干扰信号的电磁波频谱范围的频率，通过一些公式、一个滤波器（如低通滤波、高通滤波和带通滤波），将其在分界面处分开。

(4) 反褶积。通过将雷达子波压缩，消除其中因岩体具有不同的电磁波阻抗特性而产生多次脉冲响应波，提高探地雷达剖面图的时间分辨率。

(5) 小波变换。小波变换对不同尺度下降信号中的不同频率的电磁波进行分解，根据自身的伸缩性和平滑性分辨出采集信号的各部分的频率分量，对弱信号的识别具有很好的效果。

(6) 背景消除。背景消除是去除由于岩体阻抗差异而生成的驻波，从而方便提取有效信号。

地质雷达资料反映的是地下介质的电性分布，要把地下介质的电性分布转化为地质体的分布，必须把地质、钻探、地质雷达和其他相关的资料有机结合起来，建立测区的地质-地球物理模型，并以此获得地下地质模式。地质雷达图像剖面是地质雷达资料地质解释的基础图件，只要地下介质中存在电性差异，就可以在雷达图像剖面中找到相应的反射波与之对应。根据相邻道上反射波的对比，把不同道上同一个反射波相同相位连接起来的对比称为同相轴。一般在无构造区，同一波组往往有一组光滑平行的同相轴与之对应，这一特性称为反射波组的同相性。在探测到不良地质体时，地质雷达的反射波通常会有以下特点：频率变化、波形畸变、同相轴错乱或缺失等，可以根据这些特点，结合工程实况来判断地质目标体的地质特征，表 7.14 列出了常见地质现象的波形特征。

常见地质现象及其波形特征 **表 7.14**

地质体名称	波形特征				
	能量团分布	能量变化	相同轴连续性	波形	振幅强弱
完整岩石	均匀	按一定规律缓慢衰减	连续	均一	低幅
断层破碎带	不均匀	规律性差，衰减快	不连续	杂乱	变化大
裂缝密集区	不均匀	规律性差，衰减较快	时断时续	较杂乱	高幅
富水带	不均匀	按一定规律快速衰减	与含水率有关	基本均一	高、宽
岩溶洞穴	不均匀	规律性差，衰减快	呈弧形连接	较杂乱	一般高幅

3. 工程案例[14]

云中山隧道所处环境为地表分布的大量圆形孤石以及各种褶皱地层，且场地地表风化严重；土层较薄，利于地表水下渗；岩石裂隙发育，为地下水富集提供了条件。推断隧道沿线可能存在断层破碎带以及较多富水带。隧道左线开挖至 ZK42＋758 断面时，掌子面地质状况开始显著变差，掌子面地质观察记录如表 7.15 所示。

掌子面地质观察记录表 **表 7.15**

隧道名称	云中山	里程	ZK42＋758
掌子面岩性	强风化—全风化红褐色花岗岩，围岩较破碎，正面掉块		
地质构造面情况	拱顶以下出现一组压性节理，节理产状 130°∠82°，节理裂隙发育，张开间距大于 1mm，充填黏土		
出水状况	节理裂隙渗水，掌子面滴水		
其他异常	钻孔钻进速度变快，岩壁局部蚀变		

采用瑞典 MALA 公司生产的 RAMAC 系列地质雷达进行探测，为保证探测深度和屏蔽干扰，地质超前预报选择 100MHz 的屏蔽天线。探测结果如图 7.12 所示。

图 7.12（a）为在桩号 ZK42＋794 的掌子面中部布置的一条测线得到的地质雷达探测图像，测试深度为 24m。由雷达图像可知，掌子面前方 0～14m 内图像电磁波反射信号同相轴断续，频率较低，振幅较强，结合掌子面地质素描和岩性，判断桩号 ZK42＋794～ZK42＋808 范围内围岩节理裂隙很发育，整体性差，岩层含水率较小，推断该范围内存在宽 8m 左右的断层破碎带。

断面开挖至 ZK42＋764 时，掌子面地质观察发现掌子面节理裂隙发育，围岩很破碎，大部分裂隙渗水，水量较大。故在掌子面平行布置两条测线，探测前方 30m 范围内富水带的赋存情况，雷达探测图像如图 7.12（b）和图 7.12（c）所示。综合图 7.12（b）和图 7.12（c），掌子面前方 10～26m 范围内（ZK42＋774～ZK42＋790）电磁波反射信号同相轴错断，存在圆弧形同相轴，频率低，振幅较强，判断掌子面前方该区域内节理裂隙发育，围岩非常破碎，岩层含水率很大，存在富水软弱夹层或富含水洞。

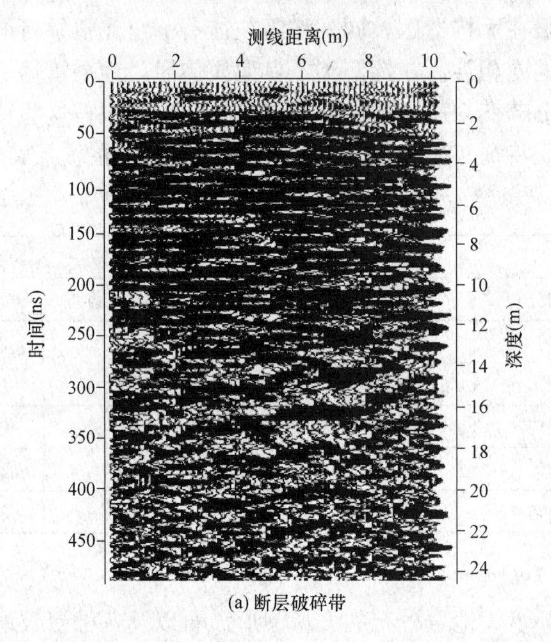

(a) 断层破碎带

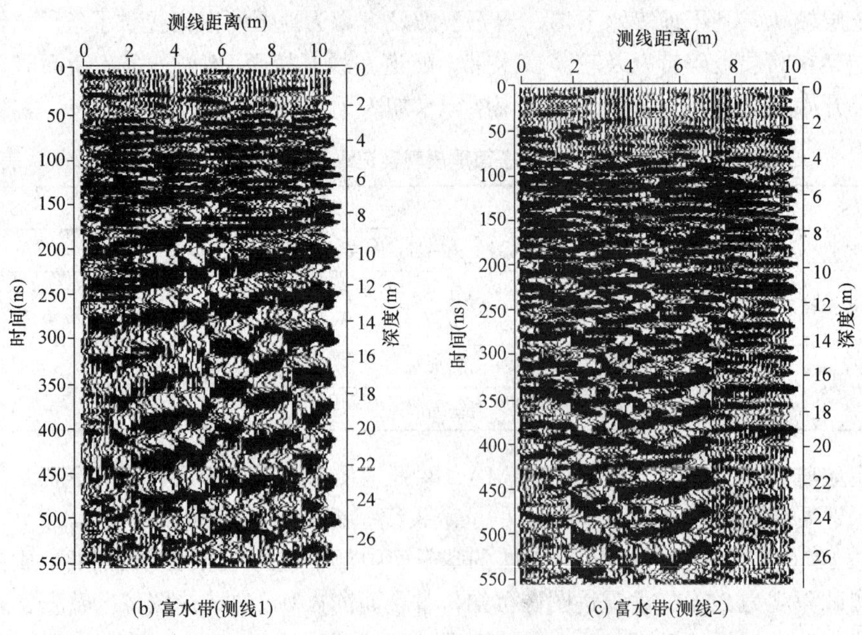

(b) 富水带(测线1)　　(c) 富水带(测线2)

图 7.12　雷达探测图像

7.3.2　隧道地震波反射体追踪技术

隧道地震波反射体追踪技术（TRT，Tunnel Reflector Tracing），是 20 世纪 60 年代，

在美国先进技术发展计划基金支持下，美国国家安全局用来研究地层应力消除现象及地层结构扫描成像的一种地震波勘测技术。

在TRT技术的飞速发展过程中，先后采用炸药爆炸、风镐或挖掘机、电磁波发生器、锤击作为震源，使勘测成本越来越低，操作越来越方便；在软件上，成功实现由2D成像到3D全息成像的跨越，使勘测结果更为准确、全面、直观。美国C-Thru公司从美国国家安全局继承了相关资产，推出了TRT6000超前地质预报系统，现在的版本为TRT7000，该技术已广泛应用于铁路、公路、水利、矿山等行业。

1. 工作原理

图7.13为TRT技术的工作原理。当地震波遇到声学阻抗差异（密度和波速的乘积）界面时，一部分信号被反射回来，另一部分信号透射进入前方介质。声学阻抗的变化通常发生在地质岩层界面或岩体内不连续界面。反射地震信号被高灵敏地震信号传感器接收，反射体的尺寸越大，声学阻抗差别越大，回波就越明显，越容易探测到。通过分析，可用来了解隧道工作面前方地质体的性质（软弱带、破碎带、断层、含水等）、位置、形状、大小。

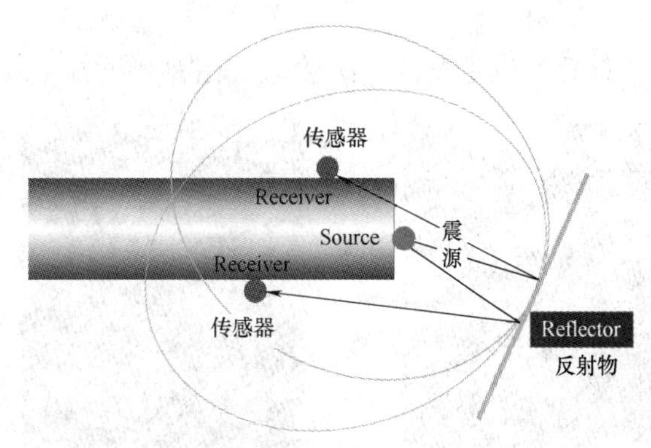

图7.13 TRT原理图

正常入射到边界的反射系数计算，如式（7.18）所示。

$$R=\frac{\rho_2 V_2-\rho_1 V_1}{\rho_2 V_2+\rho_1 V_1} \tag{7.18}$$

假设R为反射系数，ρ_1、ρ_2为岩层的密度，V等于地震波在岩层中的传播速度。地震波从一种低阻抗物质传播到另一种高阻抗物质时，反射系数是正的；反之，反射系数是负的。因此，当地震波从软岩传播到硬的围岩时，回波的偏转极性和波源是一致的。当岩体内部有破裂带时，回波的极性会反转。反射体的尺寸越大，声学阻抗差别越大，回波就越明显，越容易探测到。

由图7.13可知，震源点和接收点之间组成随时间变化的共焦椭球体，通过这些椭球体的组合定位，可实现对地质异常体的三维成像，如式（7.19）所示。

$$\sqrt{(x_{\mathrm{ref}k}-x_{\mathrm{epi}})^2+(y_{\mathrm{ref}k}-y_{\mathrm{epi}})^2+(z_{\mathrm{ref}k}-z_{\mathrm{epi}})^2}+\sqrt{(x_{\mathrm{ref}k}-x_{\mathrm{sen}j})^2+(y_{\mathrm{ref}k}-y_{\mathrm{sen}j})^2+(z_{\mathrm{ref}k}-z_{\mathrm{sen}j})^2}=vt_{ikj} \tag{7.19}$$

$i=1,2,3,\cdots,12;\ j=1,2,3,\cdots,10$

式中，$x_{\mathrm{ref}k}$、$y_{\mathrm{ref}k}$、$z_{\mathrm{ref}k}$为反射点坐标；x_{epi}、y_{epi}、z_{epi}为震源点坐标；$x_{\mathrm{sen}j}$、$y_{\mathrm{sen}j}$、$z_{\mathrm{sen}j}$为接收点坐标；v为地震波传播速度；t_{ikj}为地震波从震源点到反射点再到接收点的传播时间；i、j、k分别为震源点、接收点与反射点的编号。

震源点、接收点和反射点共同构成多个椭圆，而震源点和接收点为对应椭圆的两个焦点，式（7.19）等号两侧为椭圆的长轴$2a$，震源点和接收点之间的距离为$2c$，则有椭圆的短轴$b^2=a^2-c^2$。反射点为这些椭圆的交点，基于各个接收点监测到的时间，求解式

(7.19)，可得反射点的位置坐标。

2. TRT设备及布置方法

如图7.14所示，TRT设备的主要部件主要包括如下6部分：

(1) 检波器10个，灵敏度：1V/g；接收范围：10～10000Hz。

(2) 检波器固定块10个。

(3) 无线模块11个。

(4) 无线通信基站1个。

(5) 触发器1个。

(6) 主机1台，包括Sawtooth地震波采集软件和RV3D分析软件。

(a) 检波器

(b) 基站

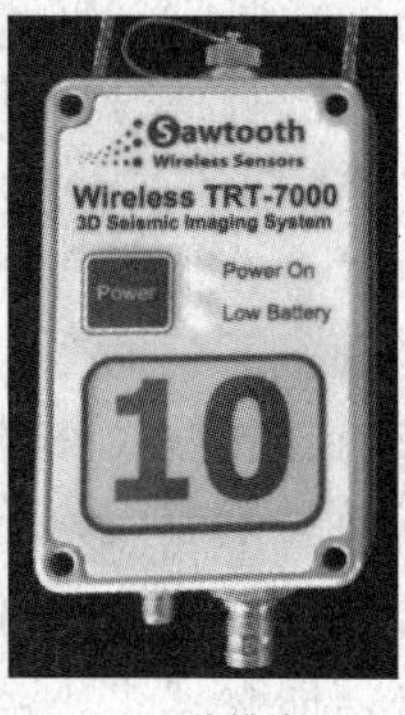

(c) 无线模块

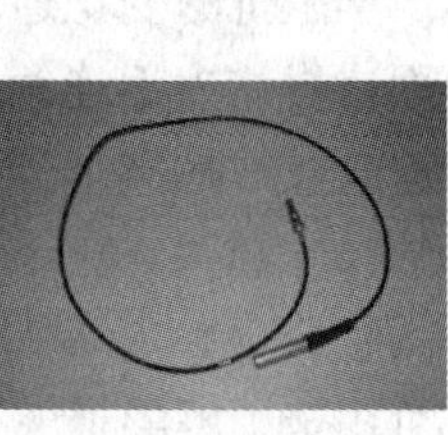

(d) 触发器

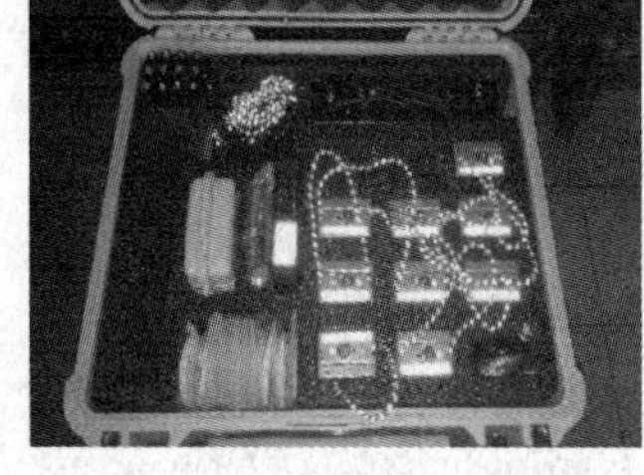

(e) 运输箱

(f) 采集电脑

(g) 配件

图7.14　TRT设备

TRT的震源和检波器采用分布式的立体布置方式，具体方法见图7.15。

3. 测试及成果解释

仪器的工作过程为：在震源点上锤击，在锤击岩体产生地震波的同时，触发器产生一个触发信号给基站，然后基站给无线远程模块下达采集地震波指令，并把远程模块传回的地震波数据传输到笔记本电脑，完成地震波数据采集。TRT地震波采集系统模型详见图7.16。

TRT成像图采用的是相对解释原理，即确定一个背景场，所有解释相对背景值进行，异常区域会偏离背景区域值，根据偏离与分布多少解释隧道前方的地质情况。

1) 判断围岩地质情况原则：

(1) 一般来说，软件设定围岩相对背景值破碎、含水区域呈蓝色显示，相对背景值硬质岩石呈黄色显示；

(2) 从整体上对成像图进行解释，不能单独参照一个断面的图像；

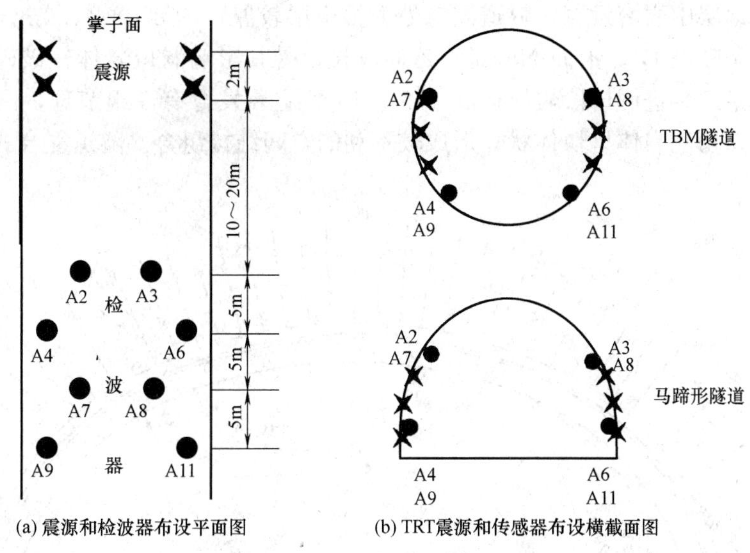

图 7.15 震源和检波器的布置方法

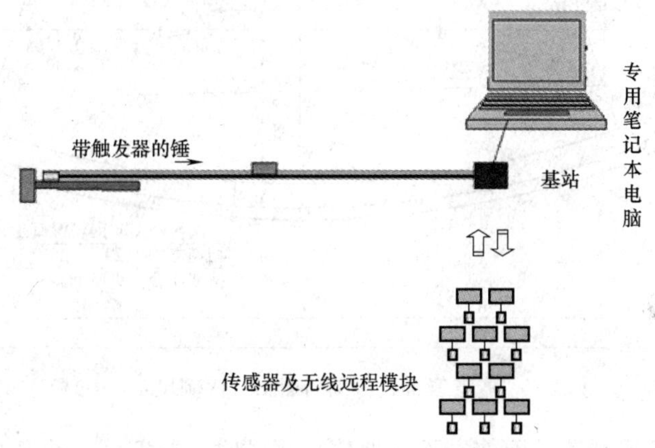

图 7.16 TRT 地震波采集系统模型

(3) 断层表现为强反射的错断，破碎带表现为空间波阻不连续，岩溶表现为低阻集中且边界明显，富水表现为低阻部分较为明显及连续性强。

2) 判断围岩类别原则：

(1) 鉴于异常区域的图像有别于背景围岩，从背景波速分析异常的波速差异，进而判断围岩类别；

(2) 对围岩类别的判断必须与地质情况相结合，综合分析。

4. 工程案例

兴延高速公路梯子峪隧道沿线分布主要为长城系高于庄组白云岩地层，地层产状主要为 110°～120°∠5°～10°、300°～310°∠10°～20°。受区域应力场控制，岩体节理、裂隙较为发育，主要发育的节理裂隙有 3 组：（1）60°～70°∠79°；（2）160°～170°∠78°；(3) 260°～270°∠81°；但空间分布不均。白云岩普遍发育侵入岩体多属燕山期岩浆侵入活动产物，以中性、中酸性、碱性、偏碱性岩类为主，侵位及展布方向受深层断裂带、断块边界的断裂构造、褶皱构造以及其他断裂控制，使沿线洞身段工程地质条件具有复杂性。

隧址区白云岩地层中岩溶发育，隧道洞口处上覆土层较厚，约 8.0～41.0m。洞口东侧不远处分布有一条断层 F4，走向 NE56°，延伸较长，受其影响洞口岩体较破碎—破碎，不利于洞室围岩稳定。进洞口段岩层产状 176°∠16°，主要发育有 3 组节理，两组陡倾垂向节理裂隙发育，切割岩体呈块体状，形成较不利的空间结构组合。隧道复合式衬砌断面如图 7.17 所示。

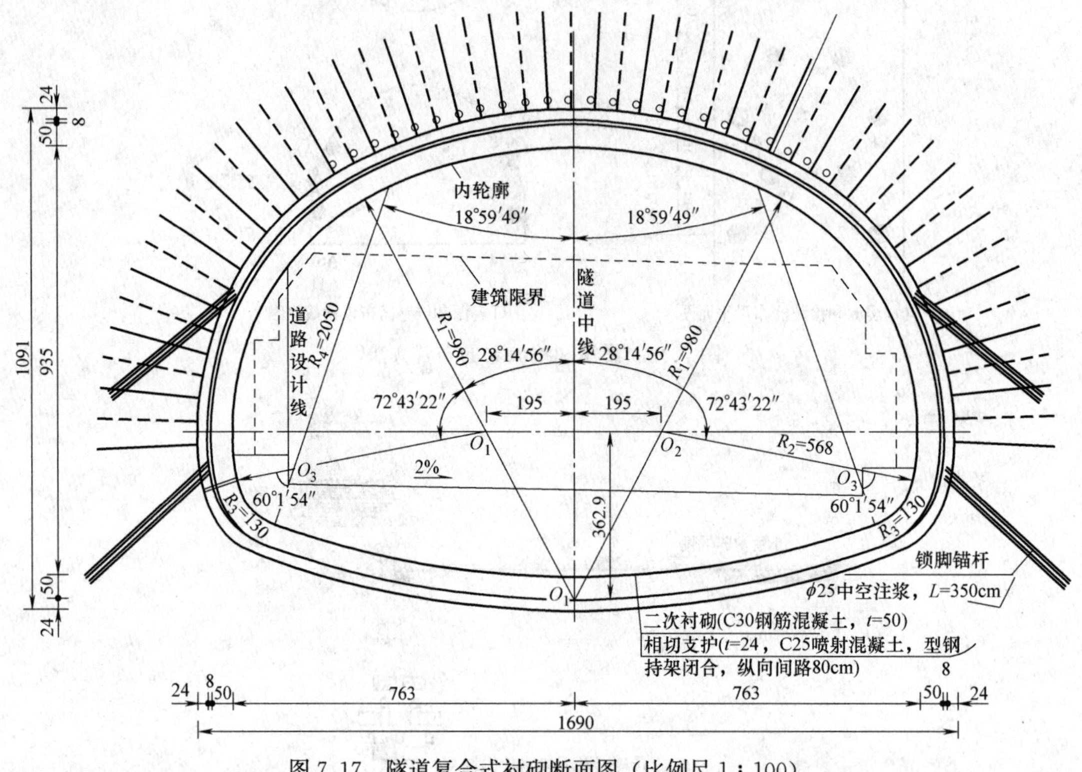

图 7.17　隧道复合式衬砌断面图（比例尺 1∶100）

利用 TRT 技术探测掌子面前方不良地质。测试时，共安装 8 个传感器，隧道左边墙 4 个，右边墙 4 个，锤击震源点共计 12 个，隧道左右边墙各 6 个。勘测范围：高程为 450～490m，横向为中心线左侧 20m，右侧 20m，纵向为 150m，掌子面在图中的位置为 39m，预报距离为掌子面前方 111m。震源和检波器的相对关系如图 7.18 所示，图 7.19 给出了测试时记录的原始波形。

经过参数反演，测定直达波的波速为 v_p＝3000m/s，图 7.20 展示了探测结果的三维成像图。

测试时的掌子面位置为 39m，桩号 DK25＋062。通过对掌子面前方 111m 的地震波反射扫描成像三维图及波速分析，结合掌子面地质观测的信息及地质资料可以得出推断塌方范围为掌子面前方 10～20m，塌方影响区边界线为：

（1）DK25＋062～DK25＋085，该段地震波反射较强，成像离散性强，岩体裂隙很发育，强风化，强度低，岩体完整性差。

（2）DK25＋085～DK25＋123，该段地震波反射较弱，不存在不良地质构造，岩体裂隙发育，岩体较为完整。

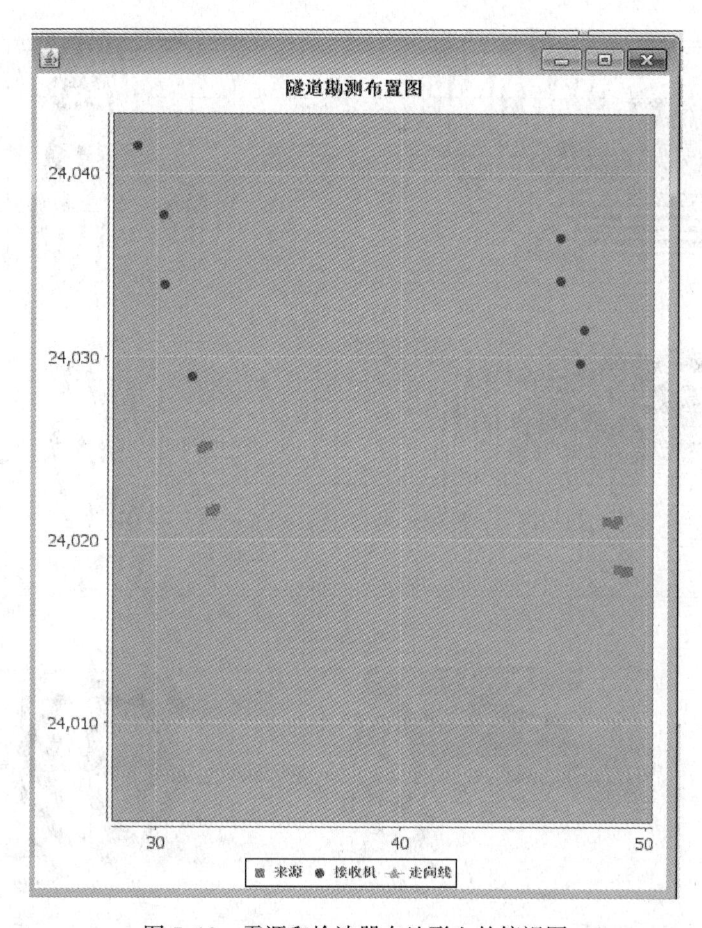

图 7.18 震源和检波器在地形上的俯视图

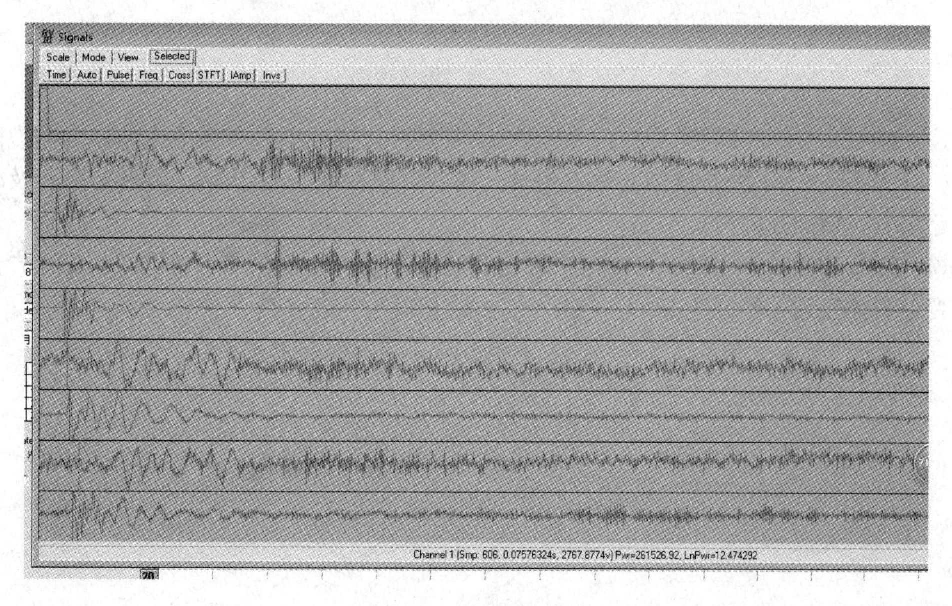

图 7.19 原始波形图

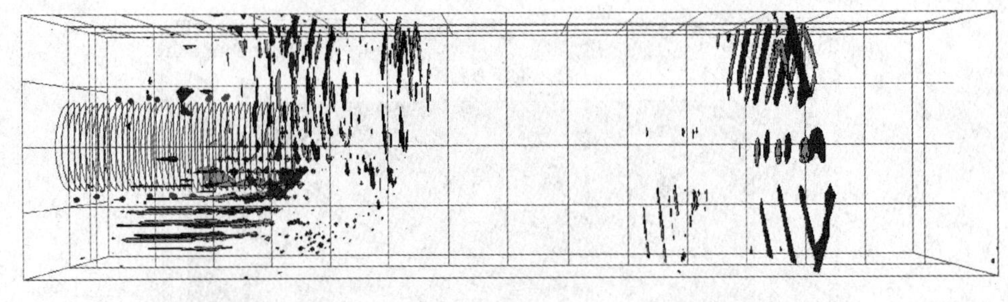

(a) 俯视图

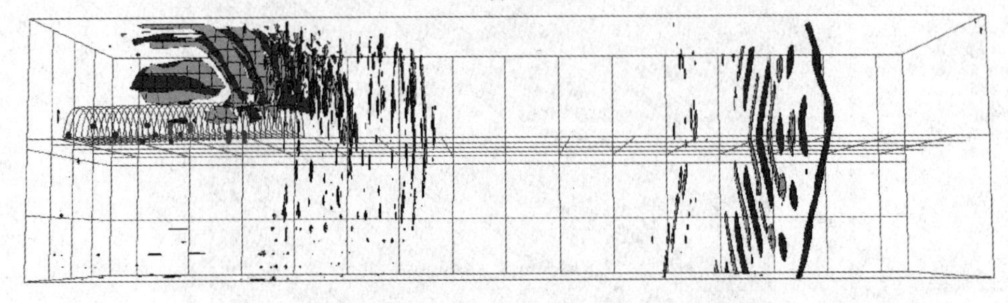

(b) 侧视图

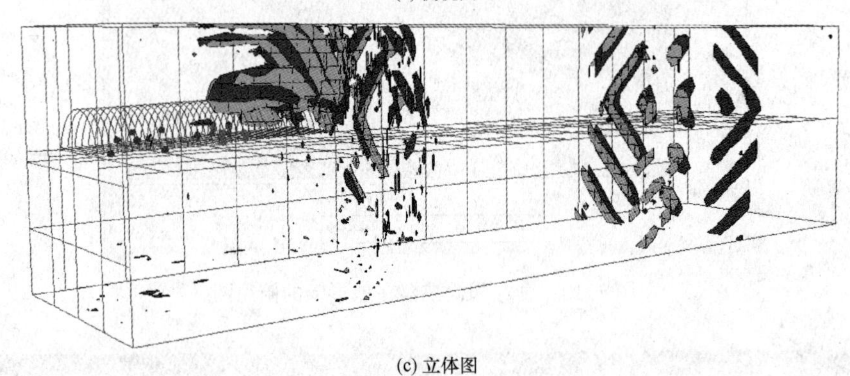

(c) 立体图

图 7.20　探测三维成像图

(3) DK25＋123～DK25＋151，该段地震波反射较强，反射极性不连续，岩体裂隙较发育，其中 143～151 处岩体中心线右侧 3m 往右可能存在一软弱带，开挖支护不及时容易引起塌方，请加强支护。

(4) DK25＋151～DK25＋172，该段地震波反射较弱，不存在不良地质构造，岩体裂隙发育，岩体较为完整。

第8章

工程地质实习报告

8.1 工程地质实习报告撰写格式

工程地质实习野外和现场作业结束，每位同学需在室内进行内业整理，并撰写“工程地质实习报告”，基本要求如下：

(1) 实习报告统一采用A4纸书写或打印，并沿左侧边线装订成册。报告正文采用宋体小四号字，1.5倍行间距。

(2) 实习报告的主要内容包括：

封面，附件一为北京工业大学实习报告的封面格式

目录

一、前言（实习目的、意义、实习基本情况介绍）

二、实习地区的工程地质概况

三、实习路线和地质观察点的描述

四、静载荷试验的数据处理与分析

五、结束语（或实习感想）

(3) 报告中图、表、照片要清晰规范，并且进行编号，如图1、表10、照片23等。

(4) 实习小组共同绘制的图件，作为小组共享成果可复印，并装订在报告中。

8.2 实习成绩评定

实习结束，每人必须编写实习报告及总结。实习成绩由教师评定，评定依据实习过程中的态度、纪律，掌握实习内容情况，实习报告及野外记录的质量，以及在实习过程中现场测试的成绩等。分值占比见表8.1。

实习成绩分值占比 **表8.1**

项目	分值占比(%)
出勤及现场表现	20
实习过程测试与内容掌握情况	20
实习报告	60

附录一

北京工业大学学生综合服务中心岩土工程详细勘察报告（正文）

一、工程概况

1.1　工程地点

北京工业大学学生综合服务中心工程位于北京市朝阳区平乐园100号北京工业大学校区北部，东侧、南侧和西侧为校内道路，北侧为社会道路北工大路，交通便利，如图1所示。

1.2　工程性质与规模

北京工业大学学生综合服务中心工程总建设用地面积9686m^2，其中建筑用地面积4998.91m^2，公共绿地面积2063.69m^2，道路广场用地2623.4m^2。北京工业大学学生综合服务中心设计以食堂为主，超市、邮局、打印复印、学生活动等为辅的多功能现代化综合服务楼，总建筑面积25832.8m^2。

1.3　建筑设计条件

根据设计单位提供的建筑方案设计图纸，建筑设计条件见表1。

建筑设计条件　　表1

项目＼建筑	学生综合服务中心	项目＼建筑	学生综合服务中心
±0.000	绝对标高36.20m	基础拟埋深	约6.00m
地下层数	地下1层	基础形式	筏形基础
地上层数	地上3～4层	结构形式	框架结构
建筑高度	22.00m		

二、勘察目的与技术标准

2.1　勘察等级

本次勘察属于房屋建筑和构筑物勘察，为详细勘察阶段。工程重要性等级为二级，场地复杂程度等级为二级（中等），地基复杂程度等级为二级（中等），综合判定本次勘察等级为乙级。

2.2　勘察目的

本次勘察主要目的为：查明有无影响建筑场地稳定性的不良地质作用及其危害程度；查明拟建建筑物基础影响范围内的地层结构、成因、分布规律及各层岩土的物理力学性质，并对地基土的均匀性做出评价；查明地下水类型、埋藏条件、分布规律，分析其对建筑物基础设计、施工的影响，提供抗浮水位建议并就地下水质对主要基础结构材料的腐蚀性进行评价；调查场地抗震参数，划分场地土类型和建筑场地类别，提供与建筑场地有关的建筑抗震设计参数；提出安全、经济合理的地基基础方案建议；提出持力层的选择建议、基础埋深建议；提供各地基土层天然地基承载力、变形计算参数及其他有关物理力学指标；提出基础工程设计与施工方面的建议；提出基坑降水、支护等方面的建议；提供计算参数。

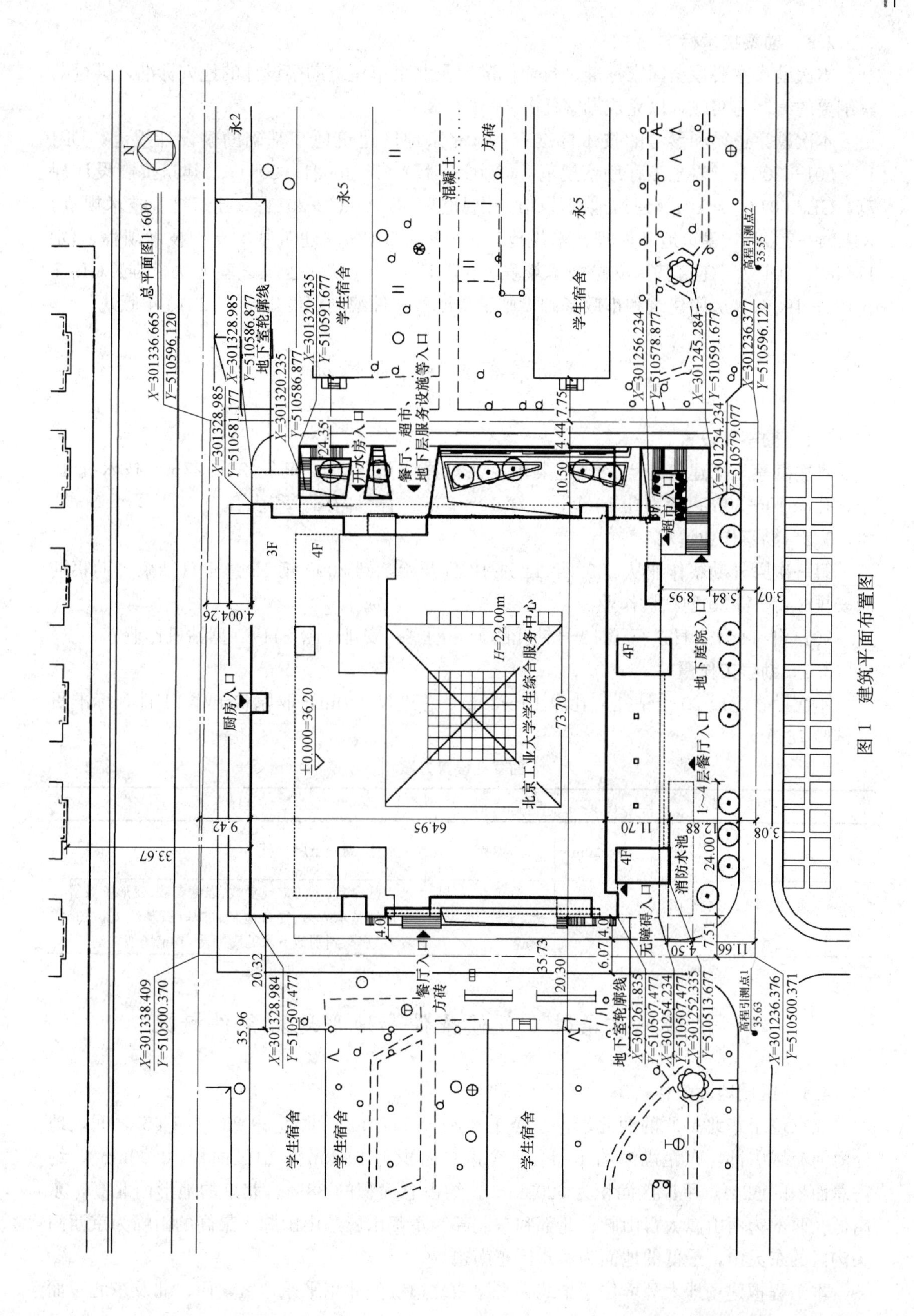

总平面图1:600
N
学生宿舍
学生宿舍
学生宿舍
学生宿舍
学生宿舍
方砖
方砖
混凝土
永2
永5
永5
北京工业大学学生综合服务中心
H=22.00m
±0.000=36.20
3F
4F
4F
4F
地下室轮廓线
地下室轮廓线
开水房入口
餐厅、超市、地下层服务设施等入口
超市入口
地下庭院入口
1～4层餐厅入口
无障碍入口
餐厅入口
厨房入口
消防水池
高程引测点1
35.63
高程引测点2
35.55
73.70
64.95
33.67
35.96
35.73
20.32
20.30

图 1 建筑平面布置图

2.3 勘察技术标准

本次勘察主要根据国家标准、行业标准以及北京市建筑勘察设计的地方标准，进行勘察纲要的编制与实施，以完成勘察任务。

本次勘察遵循和参考的技术标准有：《北京地区建筑地基基础勘察设计规范》DBJ 11—501—2009；《岩土工程勘察规范》（2009 年版）GB 50021—2001；《建筑抗震设计规范》GB 50011—2010；《建筑地基基础设计规范》GB 50007—2011；《建筑桩基技术规范》JGJ 94—2008；《建筑地基处理技术规范》JGJ 79—2012；《建筑基坑支护技术规程》DB 11/489—2016；《建筑基坑支护技术规程》JGJ 120—2012；《土工试验方法标准》GB/T 50123—1999；《房屋建筑和市政基础设施工程勘察文件编制深度规定》（2010 年版）。

三、勘察布置及作业情况

3.1 勘察孔设置

本次勘察根据建筑特点及规范要求，共布置钻孔 20 个，间距 24～27m。技术孔 10 个，孔深 10～30m；鉴别孔 10 个，孔深 10～20m。详见附图 1 和表 2。

3.2 勘察作业情况

第一次野外勘察作业从 2009 年 11 月 18 日开始，到 2009 年 12 月 1 日结束，勘察期间安排 2 台 SH-30 型钻机作业。

2014 年 11 月 5 日进行了 10 号钻孔的野外勘察，安排 1 台 SH-30 型钻机作业。

3.3 勘察工作量

本次勘察完成 20 个钻孔，孔深 10～30m，总进尺 440m，取原状土样 71 件，标准贯入试验 78 次。

勘察孔设置方案 **表 2**

孔号	深度	类别	目的
2、4、5、7、10、12、13、15、18、20	10～20m	鉴别	描述、划分土层
1、3、6、8、9、11、14、16、17、19	10～30m	标准贯入试验、土样、水样、波速	土的命名、土的常规参数、强度参数、变形参数等，提供地基承载力、复合地基、桩基础、基坑支护的计算参数等；判别地下水的腐蚀性、判定场地类别

四、区域地质条件、气候条件和地形地貌条件概况

4.1 区域地质条件

北京位于华北平原的西北端，东经 115°20′～117°30′，北纬 39°28′～41°05′之间，地处海河流域中部，东距渤海约 150km。全市总面积 16400km^2，山区面积 10200km^2，约占总面积的 62%，平原区面积为 6200km^2，约占总面积的 38%。北京的地形西北高，东南低。西部为西山属太行山脉；北部和东北部为军都山属燕山山脉。最高的山峰为京西门头沟区的东灵山，最低的地面为通州区东南边界。

本工程拟建场地大环境位于华北大平原西北边缘的北京平原地区，西、北及东北三面

环山。在第四纪新构造运动的影响下，山区不断上升，平原不断下降，形成了厚层的冲积、洪积物地层。第四纪地层西薄东厚，西部为以厚层砂卵石和砾石地层为主的永定河冲洪积扇顶部，向东渐变为以黏性土、粉土、砂类土、卵石、砾石互层的永定河冲洪积扇中下部，向东南及南部则为以黏性土、粉土为主的平原区。

本工程地处永定河冲洪积扇的下部，在人工填土层以下为第四纪沉积的黏性土、粉土和砂土、碎石土互层，厚度大于100m。

北京地区的地质构造格局是新生代地壳构造运动形成的，其特点是以断裂及其控制的断块活动为主要特征，新生代活动的断裂主要有北北东—北东向和北西—东西向两组，大部分为正断裂，并在不同程度上控制着新生代不同时期发育的断陷盆地，断裂分布多集中成带。全新世仍然活动的断裂多数位于北部。从本次勘察结果和北京市“岩土工程信息系统（BGIWEBGIS）”中存储的大量资料分析，拟建场区位于良乡—前门—顺义断裂和南苑—通州断裂控制的北京迭断陷内，拟建场区内及附近没有活动隐伏断裂通过。

在本工程拟建场地范围内，不存在影响拟建场地整体稳定性的不良地质作用，适宜本工程的建设。

4.2 区域气候条件

北京属暖温带半湿润季风大陆性气候区。但境内地貌复杂，山地高峰与平原之间相对高低悬殊，从而引起明显的气候垂直地带性。大体以海拔700～800m为界，此界以下到平原，为暖温带半湿润季风气候；此界以上中山区为温带半湿润—半干旱季风气候；约在海拔1600m以上为寒温带半湿润—湿润季风气候。

北京地区位于东亚中纬度地带东侧，有典型的暖温带半湿润半干旱大陆性季风气候特点：受季风影响，春季干旱多风，气温回升快；夏季炎热多雨；秋季天高气爽；冬季寒冷干燥，多风少雪。据北京市观象台近十年观测资料，年平均气温为13.2℃，极端最高气温41.1℃，极端最低气温－17.0℃，年平均气温变化基本上是由东南向西北递减，城区近20年最大冻土深度小于0.80m。

全市多年平均降水量448mm，降水量的年变化大。降水量最大的1959年达1406mm，降水量最小的1896年仅244mm，两者相差5.8倍。降水量年内分配不均，汛期（6～8月）降水量约占全年降水量的80％以上。旱涝的周期性变化较明显，一般9～10年出现一个周期，连续枯水年和偏枯水年有时达数年。近10年（2001—2010年）来以2008年年降水量最大，为626.3mm；2006年年降水量最小，为318.0mm。

全市月平均风速以春季四月份最大，据北京市观象台观测，近10年市区平均风速为2.3m/s，最大风速14.0m/s。

根据《建筑地基基础设计规范》GB 50007—2011和《北京地区建筑地基基础勘察设计规范》DBJ 11—501—2009，拟建场区地基土的标准冻结深度为0.80m。

4.3 地形地貌条件

勘察期间现场内原有建筑尚未拆除，钻探场地地形基本平坦，钻孔孔口标高在35.64～36.08m之间。

本工程坐标引测点为北京工业大学南区09规划（2007拨0004）A点（坐标为X＝300953.955，Y＝510718.246）、G点（坐标为X＝300472.982，Y＝510718.262），高程引测点为拟建场区南侧马路上点1（高程35.630m）、点2（高程35.550m）。

五、地下水概况

5.1 区域地下水概况

北京市位于华北平原北部，属于永定河、大清河、北运河、潮白河、蓟运河等水系冲洪积扇的中上部地段。北京中心城区主要坐落在永定河冲洪积扇上。中心城区第四系岩相分布，由西向东具有明显的过渡现象。由于河流频繁改道，形成多级冲洪积扇地，使地质条件较为复杂。总的趋势，西部以碎石类土为主，向东则逐渐形成黏性土、粉土与碎石类土的交互沉积，第四系覆盖层厚度也由数米增加到数百米。以此为背景，地下水的赋存状态也从西部的单一潜水层，向东、东北和东南逐渐演变成多层地下水的复杂状态。根据《北京市地下水动态分区及长期变化规律》研究成果，按照北京市区域地质、工程地质、水文地质条件和地下水动态，将北京市区浅层地下水的工程水文地质条件划分为三个大区（图 2）：永定河冲洪积扇台地潜水区、过渡区、潜水区（Ⅰ、Ⅱ、Ⅲ），细分为七个亚区（Ⅰa、Ⅰb、Ⅰc；Ⅱa、Ⅱb；Ⅲa、Ⅲb），本工程场区位于上述水文地质分区的Ⅰb 亚区。

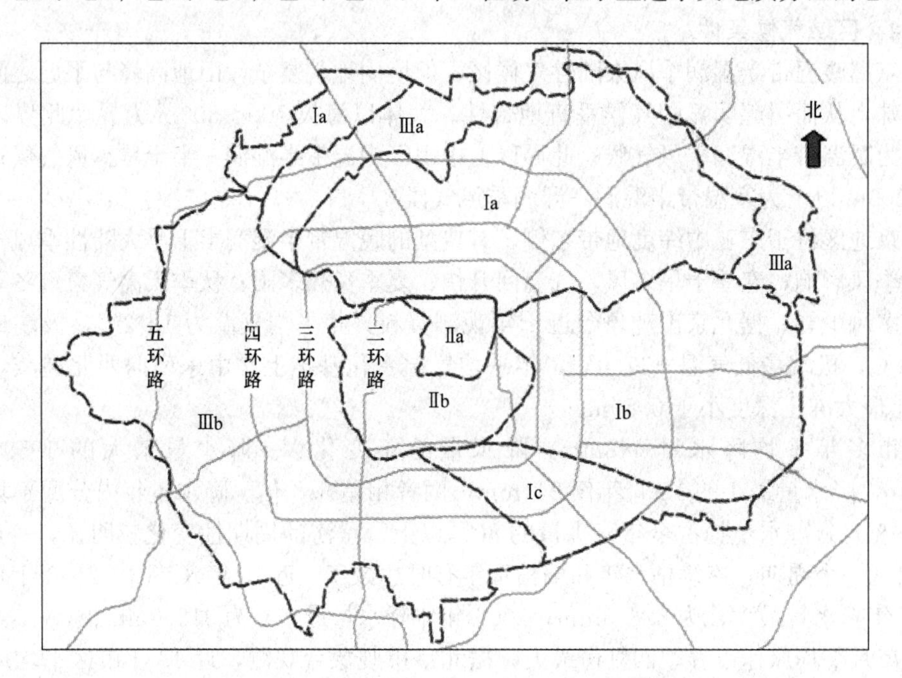

图 2 北京市区工程水文地质分区略图

5.2 勘察揭露地下水情况

第一次勘察期间共揭露 2 层地下水，第 1 层地下水为上层滞水，分布不连续，静止水位埋深 1.30～4.90m，标高 30.83～34.67m；第 2 层地下水为潜水，静止水位埋深 13.60～14.30m，标高 21.75～22.36m，主要含水层为④层细砂。

第二次勘察期间 10 号钻孔内未量测到地下水。

5.3 场区地下水动态变化

场区上层滞水主要受管线和大气降水以及上部地层结构影响，变化规律较差。场区上层滞水天然动态类型属渗入—蒸发、径流型，主要接受大气降水入渗、地下水侧向径流及管道渗漏等方式补给，以蒸发及地下水侧向径流为主要排泄方式；其水位年动态变化规律一般为：6～9月水位较高，其他月份水位相对较低，水位年变幅一般为2～3m。

场区地下潜水天然动态类型为渗入—蒸发、径流型，主要接受大气降水入渗、侧向径流等方式补给，并以蒸发及径流方式排泄。该潜水在场区内普遍分布，水位年动态为7～10月水位较高，其他月份相对较低，周年变化幅度一般为2m左右。

5.4 场区地下水历年最高水位

根据建设场地地貌及水文条件以及目前掌握的地下水资料，拟建场区1959年最高地下水位接近自然地面（含上层滞水），近3～5年最高地下水位标高28.00m左右（不含上层滞水）。

5.5 地下水的腐蚀性

根据附近工程《北京工业大学第四教学楼、艺术设计学院、教学科研楼、实验楼等四项工程岩土工程详细勘察报告》（勘察编号［2009-10-10］）地下水样的分析结果，按照《岩土工程勘察规范》（2009年版）GB 50021—2001的相关标准综合判断，场区地下潜水对混凝土结构具有微腐蚀性；在干湿交替条件下，对钢筋混凝土结构中的钢筋具有微腐蚀性。

六、地层土质条件及土的物理力学性质

6.1 地层土质条件概述

本次勘察地面以下30m范围内揭露两大类土：人工填土层、第四纪沉积土层。各土层根据其性质不同，可概述如表3所示。

场地地层条件 表3

层号	岩性	颜色	湿度	稠度	密实度	包含物	厚度(m)
人工填土层							
①	杂填土	杂色	稍湿—湿	—	松散	以建筑垃圾为主，含砖块、水泥块、灰渣、石子、树根等，局部为30cm水泥路面	0.4～3.1
$①_1$	素填土	灰—褐黄	湿	—	中密	以黏质粉土、黏土为主，含灰渣、姜石、树根等	0.4～1.7
第四纪沉积层							
②	黏质粉土—砂质粉土	黄褐	稍湿—湿	—	密实	夹粉质黏土、黏土薄层，含云母、氧化铁	2.1～5.8
$②_1$	粉质黏土	褐黄	很湿	可塑	—	含云母、氧化铁	0.5～2.2
$②_2$	粉砂	褐黄	湿—饱和	—	密实	含云母、氧化铁，夹黏质粉土薄层	0.6～1.5
③	粉质黏土	灰—黄褐	很湿	可塑	—	含云母、氧化铁、有机质，夹黏质粉土薄层	0.4～1.9
④	细砂	褐黄—灰黄	湿—饱和	—	密实	含云母、石英、长石、氧化铁，局部混黏土团，夹黏质粉土、砂质粉土薄层，局部含圆砾、卵石，卵石最大粒径90mm	1.0～9.5
$④_1$	黏质粉土	褐黄	湿—饱和	—	密实	局部为砂质粉土，含云母、氧化铁	0.15～0.35
$④_2$	砂质粉土	黄褐	湿	—	密实	含云母、氧化铁	0.4～1.2

续表

层号	岩性	颜色	湿度	稠度	密实度	包含物	厚度(m)
⑤	粉质黏土—黏质粉土	褐黄	湿	—	密实	含云母、氧化铁	1.7～3.7
⑤$_1$	重粉质黏土	褐黄	很湿	可塑	—	含云母、氧化铁，夹黏质粉土、砂质粉土薄层	0.7～2.3
⑤$_2$	砂质粉土	褐黄	稍湿	—	密实	含云母、氧化铁	0.3～2.9
⑥	细砂	灰—褐黄	饱和	—	密实	含云母、石英、长石和小砾石，局部含圆砾、卵石，卵石最大粒径60mm	3.7～7.3
⑥$_1$	黏质粉土—粉质黏土	褐黄	很湿	可塑	—	含云母、氧化铁	1.2～1.9
⑥$_2$	圆砾	杂	饱和	—	密实	圆砾占20%～30%，含云母、中砂、砾石等，卵石最大粒径90mm	0.8～3.7
⑦	粉质黏土	褐黄	很湿	硬塑	—	含云母、氧化铁、姜石	揭露0.8～1.0未穿透
⑦$_1$	重粉质黏土	褐黄	很湿	可塑	—	含云母、氧化铁、姜石	揭露0.5～1.2未穿透

6.2 土的物理力学性质概述

本工程各地基土层的分层承载力已在《土的物理力学指标统计表》中给出，可根据需要选用。

①层杂填土和①$_1$层素填土状态松散、强度低、土质不均匀，未做处理不宜用做基础持力层。

其下第四纪沉积各土层，强度较高，可根据建筑需要用做基础持力层，具体指标详见附表1土的物理力学指标统计表。

6.3 土的腐蚀性

根据本次勘察对10号钻孔中地下土样进行的易溶盐试验结果，按照《岩土工程勘察规范》（2009年版）GB 50021—2001的相关标准综合判断，场区内土对混凝土结构和对钢筋混凝土结构中的钢筋均具有微腐蚀性。

6.4 地基均匀性评价

依据本场地地质剖面图（附图2），根据土层的分布厚度和基础的埋置深度判断本场地为均匀地基。

七、场地与地基的抗震设计条件

7.1 抗震设防烈度

根据《中国地震动参数区划图》GB 18306—2001，拟建场区所在北京市的地震动峰值加速度为0.20g，所对应的地震基本烈度为Ⅷ度，相应设防水准为50年超越概率10%。

根据《建筑抗震设计规范》GB 50011—2010，拟建场区的抗震设防烈度为8度，设计基本地震加速度值为0.20g，设计地震分组为第一组。

7.2　场地土的类型及场地类别

根据《建筑抗震设计规范》GB 50011—2010 的规定，本次勘察在 16 号钻孔进行了单孔法钻孔波速测试，根据钻孔实测波速资料，地面下 20m 深度内场地土等效剪切波速为 220.96m/s，场地土为中软土；根据《北京平原地区第四系覆盖层等厚线图》，如图 3 所示，本场地覆盖层厚度大于 50m，建筑场地类别为Ⅲ类。

图 3　北京地区第四系覆盖层厚度图

7.3　地基土的液化性

根据本次勘察所取得的地层资料、土层的试验及测试数据，依据《建筑抗震设计规范》GB 50011—2010 有关标准综合判别，在地震烈度达到 8 度且地下水位按接近近 3～5 年水位（标高 28.000m）考虑时，本场地天然沉积土层不会发生地震液化。

7.4　建筑抗震地段类别划分

根据勘察成果及区域地质资料分析，依据《建筑抗震设计规范》GB 50011—2010 判定，拟建场区为对建筑抗震一般地段。

7.5　其他不良地质作用

根据区域地质资料及周边地质情况，工程场区内不存在影响场地整体稳定性的其他不良地质作用，属于较稳定场地，基本适宜本工程的建设。

八、地基方案的建议

根据目前的设计条件，本工程基础形式为筏形基础，基础埋深约 6.0m，基础直接持力层主要为②层黏质粉土—砂质粉土和③层粉质黏土，建议采用天然地基，其地基承载力标准值综合考虑为150kPa。

九、基础设计与施工的建议

9.1 关于基础设防水位

设计单位可根据前述地下水概述中提供的历年最高水位、近3～5年最高水位和勘察实测水位，依据有关设计标准综合确定本工程建筑防渗设计、外墙结构承载力验算等设防水位。建议本工程建筑防渗最高水位标高可按自然地面考虑。

9.2 关于抗浮设防水位

场区内决定建筑物浮力的主要水层为潜水。考虑影响地下水位变化的各种补给因素、排泄与开采因素、地层结构因素、施工因素等最不利组合情况下，确定建筑场地抗浮设防水位绝对标高为30.00m。

本工程确定的抗浮水位是综合考虑各种不利因素后确定的，在验算建筑物抗浮能力时，应不考虑活荷载，建筑物重量及水浮力分项系数均取1。建筑物永久荷载/水浮力≥1.0。

9.3 关于基坑支护

本工程基槽开挖深度大，开槽深度范围内主要是容易坍塌的杂填土、素填土和粉土。由于建筑基槽开挖边线距离周围道路很近，且基槽槽壁不稳定土体内埋置较多的管线，不宜放坡开挖，因此建议采用护坡桩支护；在护坡桩作业空间受限制的部位，可采用微型桩支护。

根据北京市住房和城乡建设委员会和北京市规划委员会2014年2月28日所发《关于规范北京市房屋建筑深基坑支护工程设计、监测工作的通知》（京建法〔2014〕3号）规定，本工程基坑需要具备岩土工程设计资质的单位专门设计，用于基坑支护设计计算的岩土参数已经在《物理力学指标统计表》中提供，可供基坑支护设计参考使用，基坑支护设计单位在进行设计计算时，应根据所采用的支护形式、计算模型、施工和使用期间的实际受力状况、对支护结构的位移限制要求等具体条件，并结合实际工程经验，综合确定岩土计算参数。

工程基坑开挖时，如果基坑内部高低差较大，当采取放坡处理时，应采取相应的结构构造加强措施；当采取垂直开挖时，则应采取有效的支护措施，防止高处持力土层松散、崩塌或扰动。

9.4 关于基坑地下水控制

本工程潜水稳定水位低于基底，基坑开挖和基础施工时不需要考虑地下潜水的影响。由于勘察期间局部钻孔揭露上层滞水，基坑开槽时可能需要采取明沟排水措施排除上层滞水。

9.5 基坑开挖与土质检验的要求

（1）本工程基坑开挖应采取分层措施，并密切配合基坑支护施工。

（2）对于周边的地下管线和建筑物应采取有效保护措施，并应进行基坑监测。

（3）本工程基坑开挖过程须采取有效措施，避免开挖对地基持力层土质的扰动、破坏。采用机械开挖基坑时，预留厚度不少于 500mm，由人工或其他可保证不致破坏地基土原状结构的方法挖除。

（4）基槽开挖后，需要进行普遍钎探，并加强对槽底土质的检验工作，凡槽底土质与本报告所建议的持力层有出入或槽底土质软硬不均地段，均须仔细研究并采取妥善处理措施。

（5）基槽开挖至设计标高后应及时配合设计单位、建设单位及监理单位进行基槽检验工作。

（6）冬季施工时，应采取保温或加大预留土厚度等措施，预防槽底持力土层受冻，避免冻土融化导致基底土层不实。

（7）夏季施工时，则应作好明沟排水准备，防止雨水浸泡基坑。

（8）本工程基坑施工肥槽土方回填时，应严格按照设计要求和《建筑地基基础工程施工质量验收规范》GB 50202—2002 中关于土方回填的要求执行。

9.6　其他

本场地标准冻结深度按 0.8m 考虑。

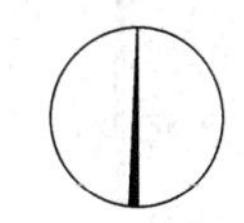

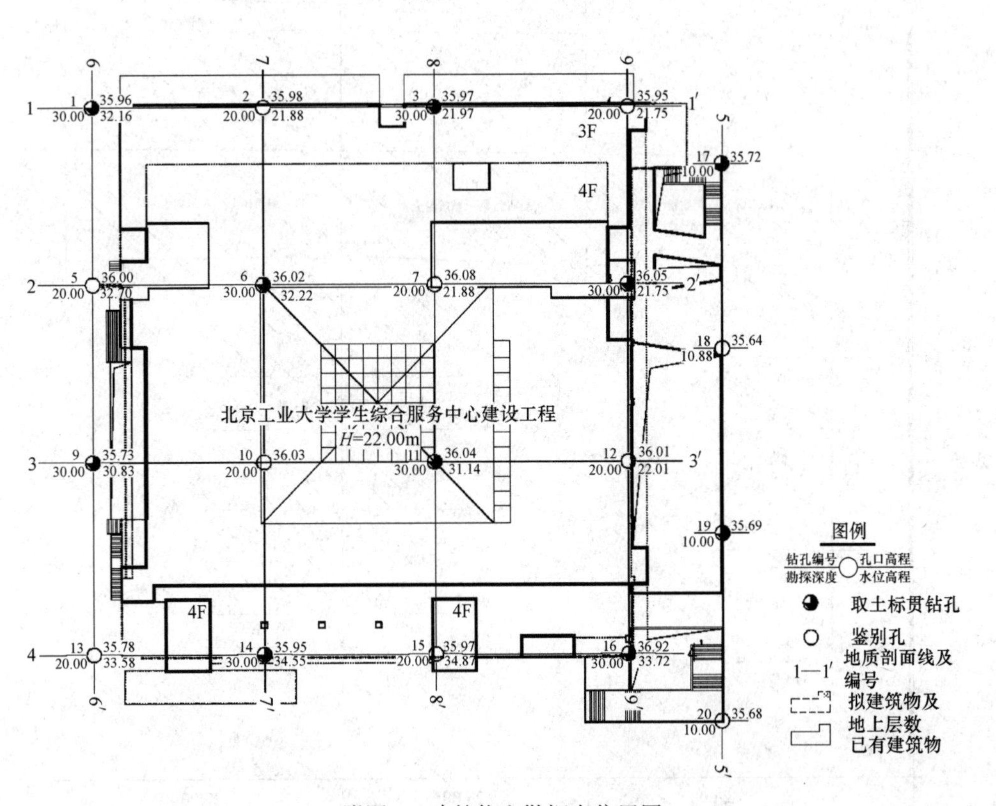

附图 1　建筑物和勘探点位置图

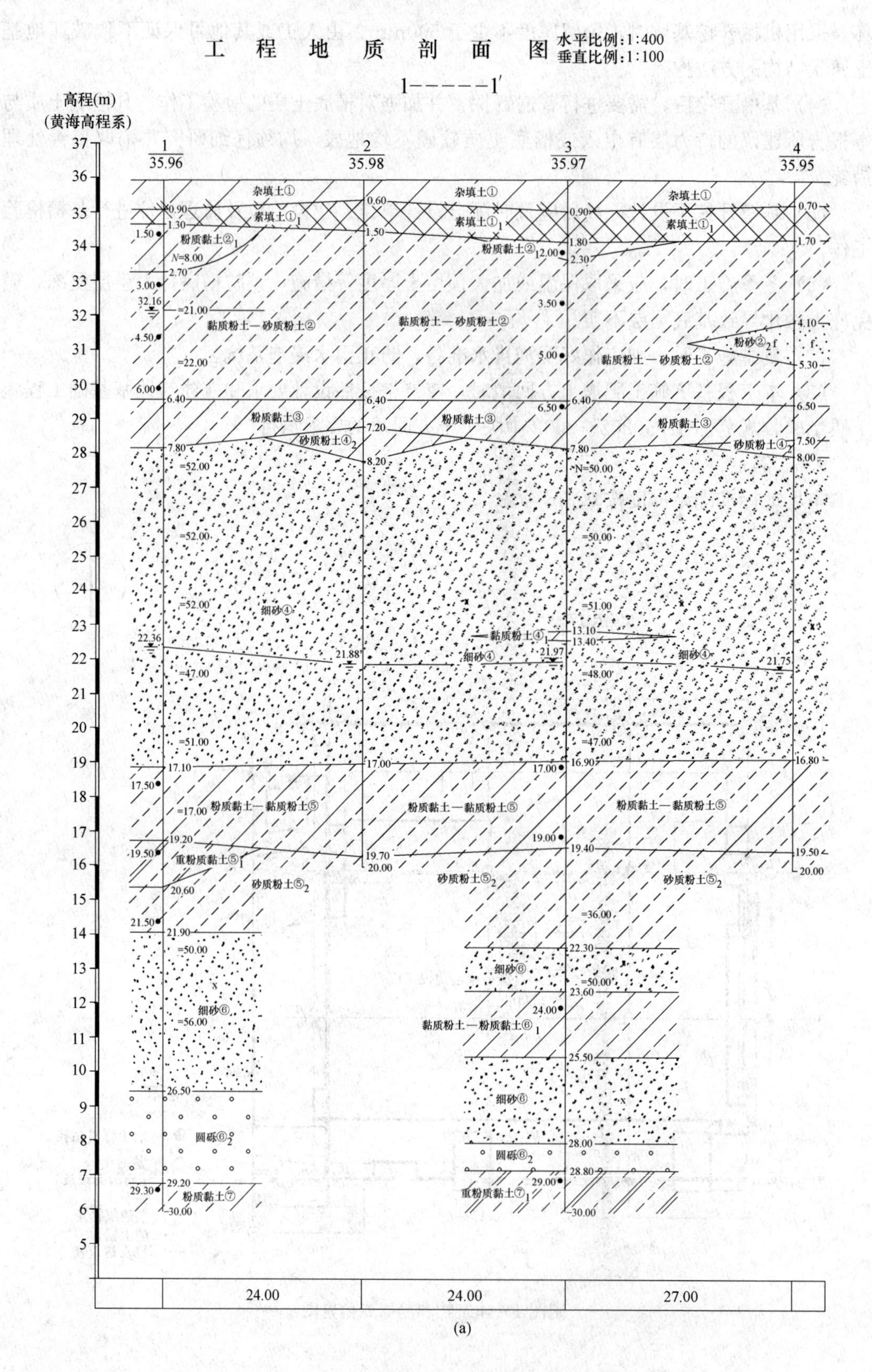
工 程 地 质 剖 面 图
水平比例：1∶400
垂直比例：1∶100
1——————1′
高程(m)
(黄海高程系)
1
35.96
2
35.98
3
35.97
4
35.95
杂填土①
素填土①1
粉质黏土②1
黏质粉土—砂质粉土②
粉砂②2
粉质黏土③
砂质粉土④2
细砂④
黏质粉土④1
粉质黏土—黏质粉土⑤
重粉质黏土⑤1
砂质粉土⑤2
细砂⑥
黏质粉土—粉质黏土⑥1
圆砾⑥2
粉质黏土⑦
重粉质黏土⑦1
24.00
24.00
27.00
(a)

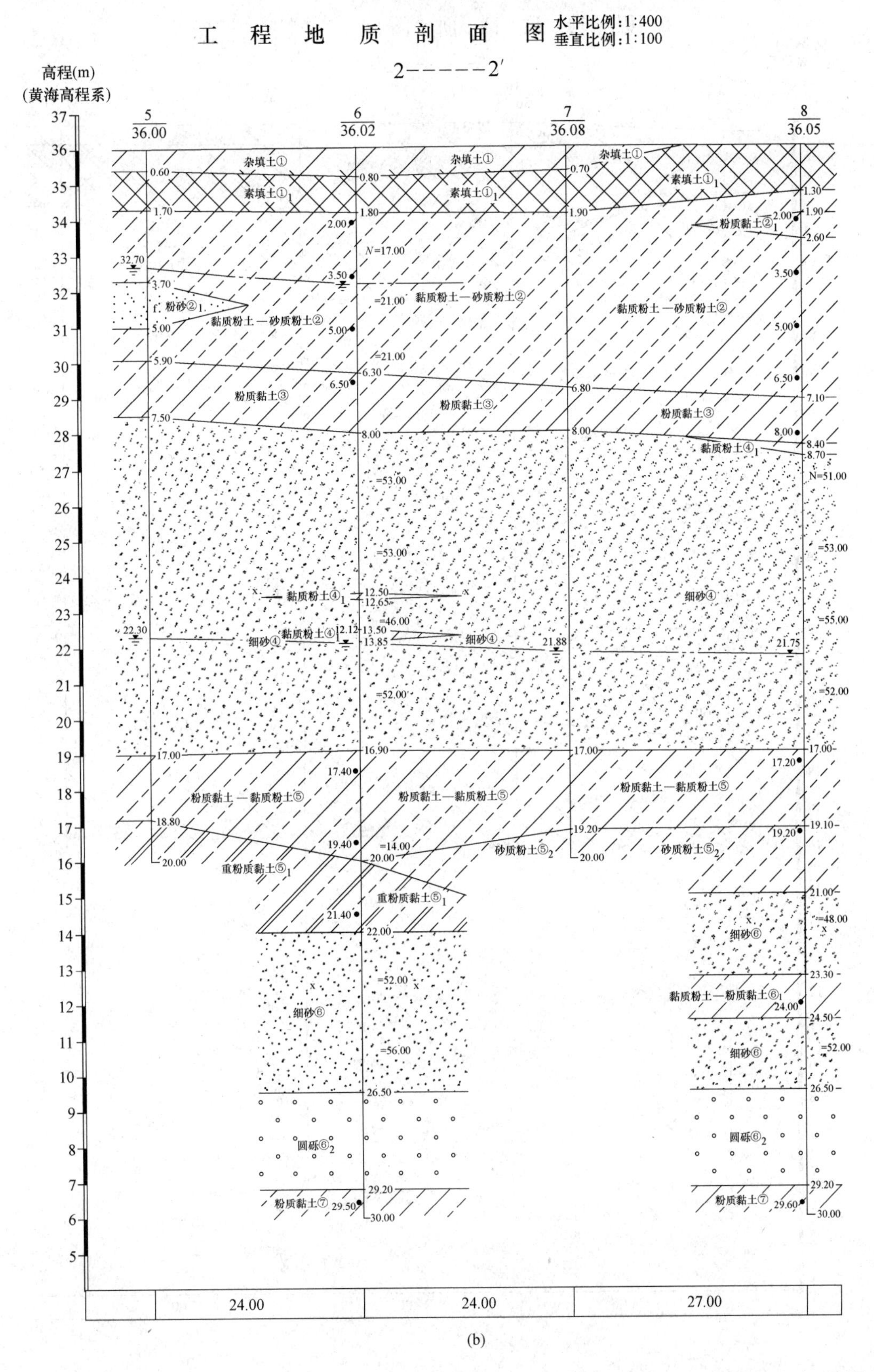
工　程　地　质　剖　面　图
水平比例:1:400
垂直比例:1:100
2-----2′
高程(m)
(黄海高程系)
5
36.00
6
36.02
7
36.08
8
36.05
杂填土①
素填土①1
粉砂②1
黏质粉土—砂质粉土②
粉质黏土②1
粉质黏土③
黏质粉土④1
细砂④
黏质粉土④
粉质黏土—黏质粉土⑤
重粉质黏土⑤1
砂质粉土⑤2
细砂⑥
黏质粉土—粉质黏土⑥1
圆砾⑥2
粉质黏土⑦
24.00
24.00
27.00
(b)

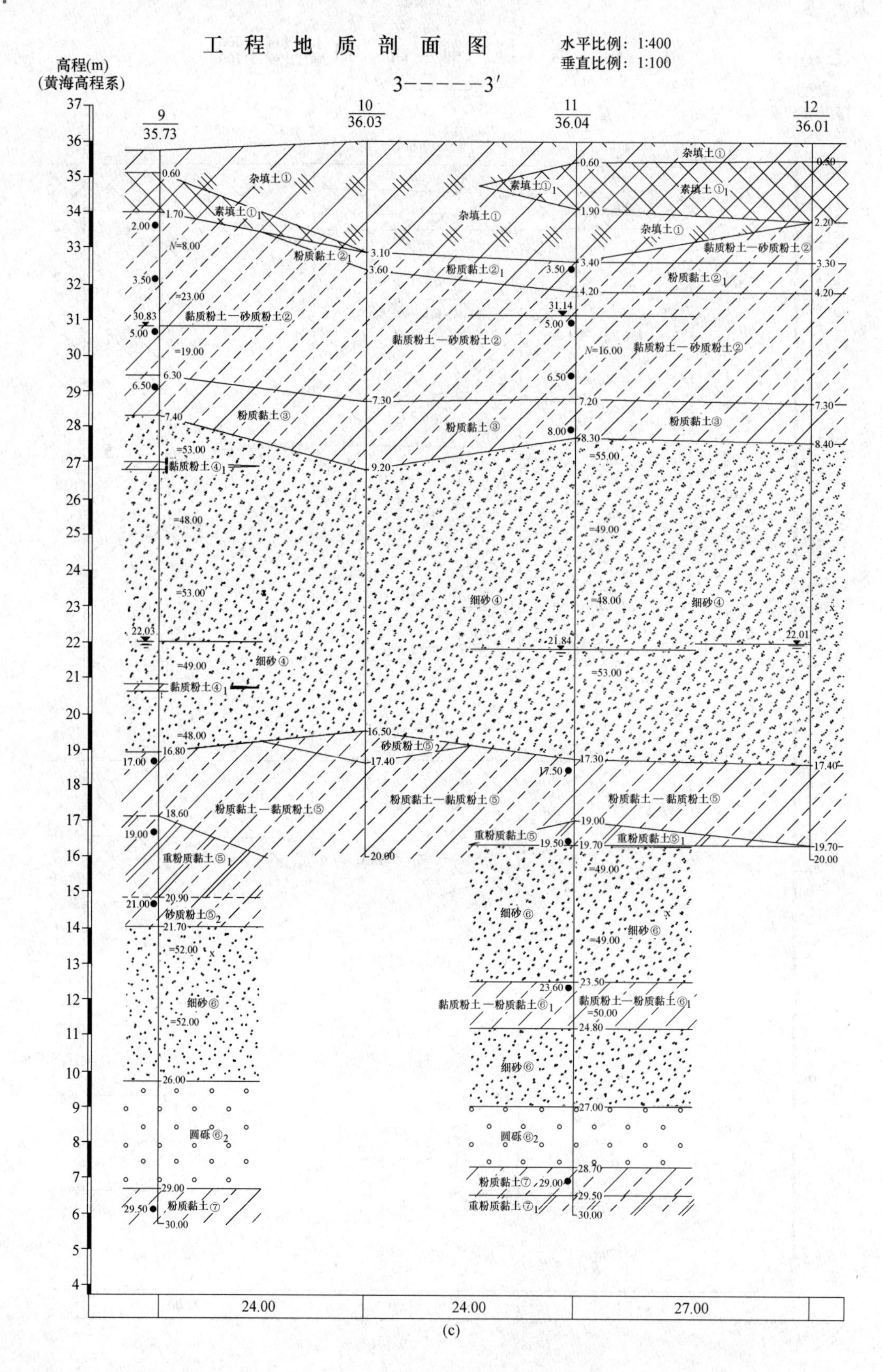
工程地质剖面图
水平比例：1:400
垂直比例：1:100
3——3′
高程(m)
(黄海高程系)
杂填土①
素填土①1
粉质黏土②1
黏质粉土—砂质粉土②
粉质黏土③
黏质粉土④1
细砂④
砂质粉土⑤2
粉质黏土—黏质粉土⑤
重粉质黏土⑤1
细砂⑥
黏质粉土—粉质黏土⑥1
圆砾⑥2
粉质黏土⑦
重粉质黏土⑦1
24.00
24.00
27.00

(c)

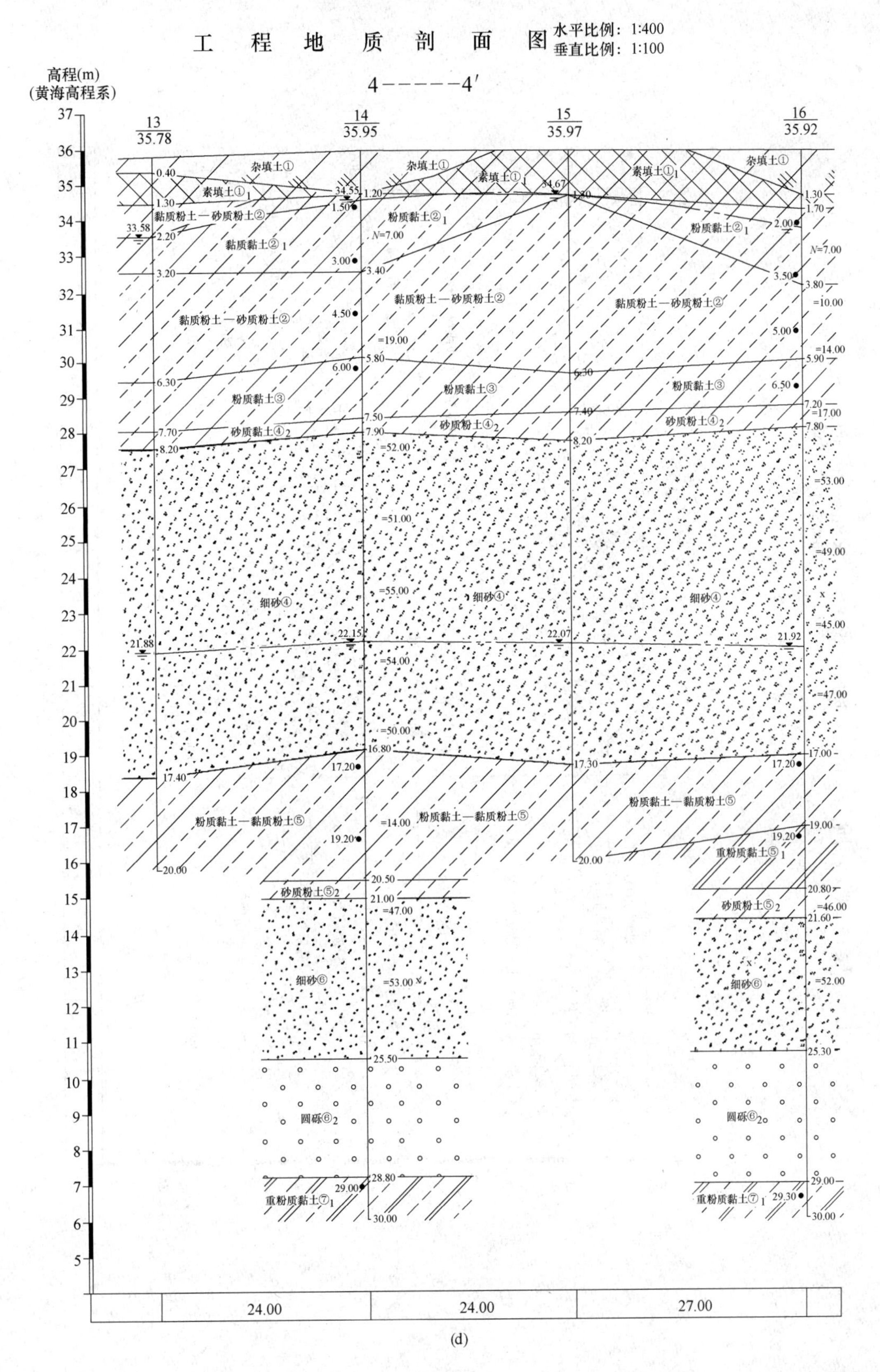

工　程　地　质　剖　面　图
水平比例：1:400
垂直比例：1:100
4——————4′
高程(m)
(黄海高程系)
13
35.78
14
35.95
15
35.97
16
35.92
杂填土①
素填土①1
黏质粉土—砂质粉土②
黏质黏土②1
粉质黏土②1
粉质黏土③
砂质黏土④2
砂质粉土④2
细砂④
粉质黏土—黏质粉土⑤
重粉质黏土⑤1
砂质粉土⑤2
细砂⑥
圆砾⑥2
重粉质黏土⑦1
24.00
24.00
27.00

(d)

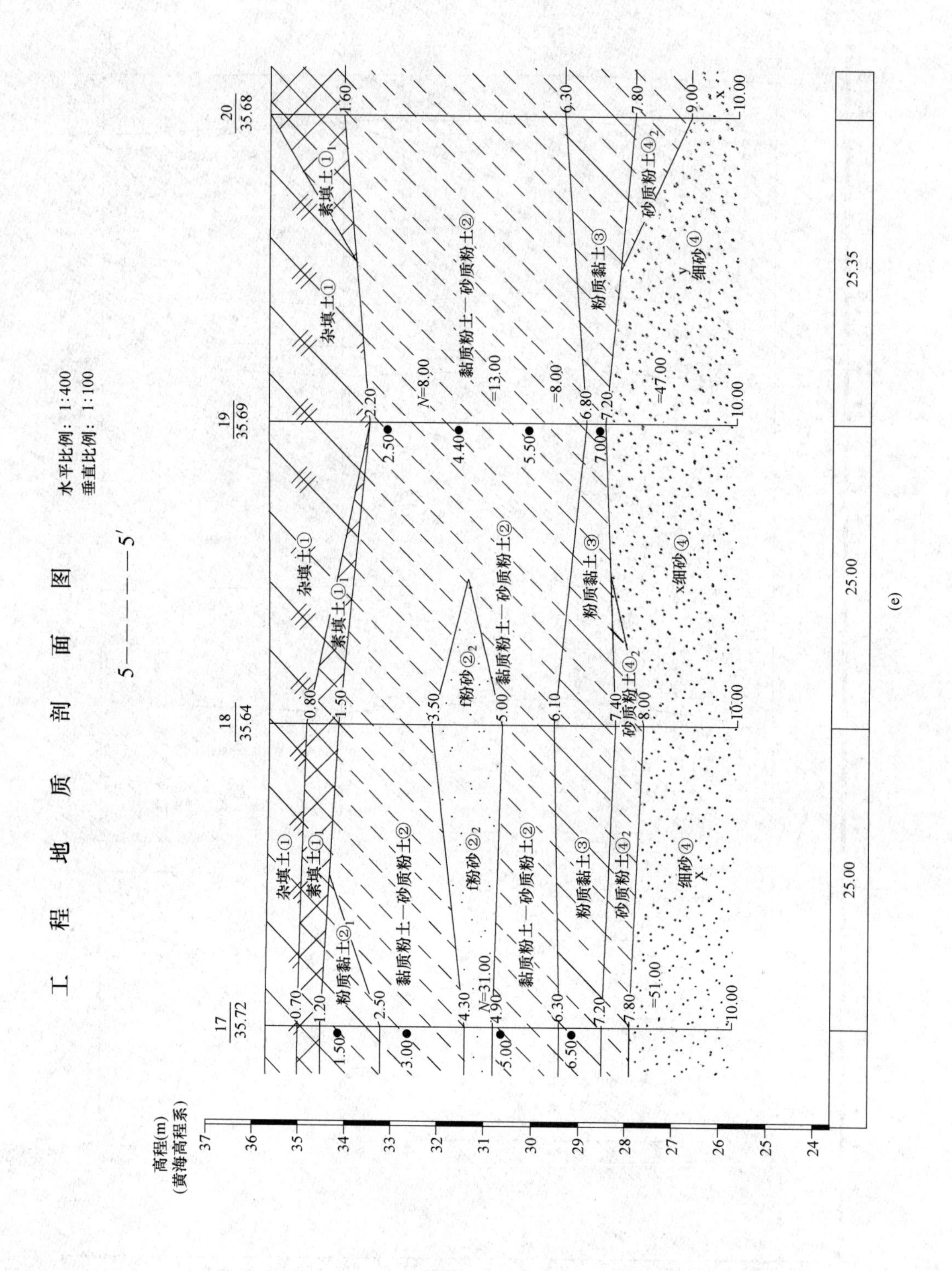
工　程　地　质　剖　面　图
5——————5′
水平比例：1:400
垂直比例：1:100
高程(m)
(黄海高程系)
17
35.72
18
35.64
19
35.69
20
35.68
杂填土①
素填土①1
粉质黏土②1
黏质粉土—砂质粉土②
f粉砂②2
粉质黏土③
砂质粉土④2
细砂④
25.00
25.00
25.35
(e)

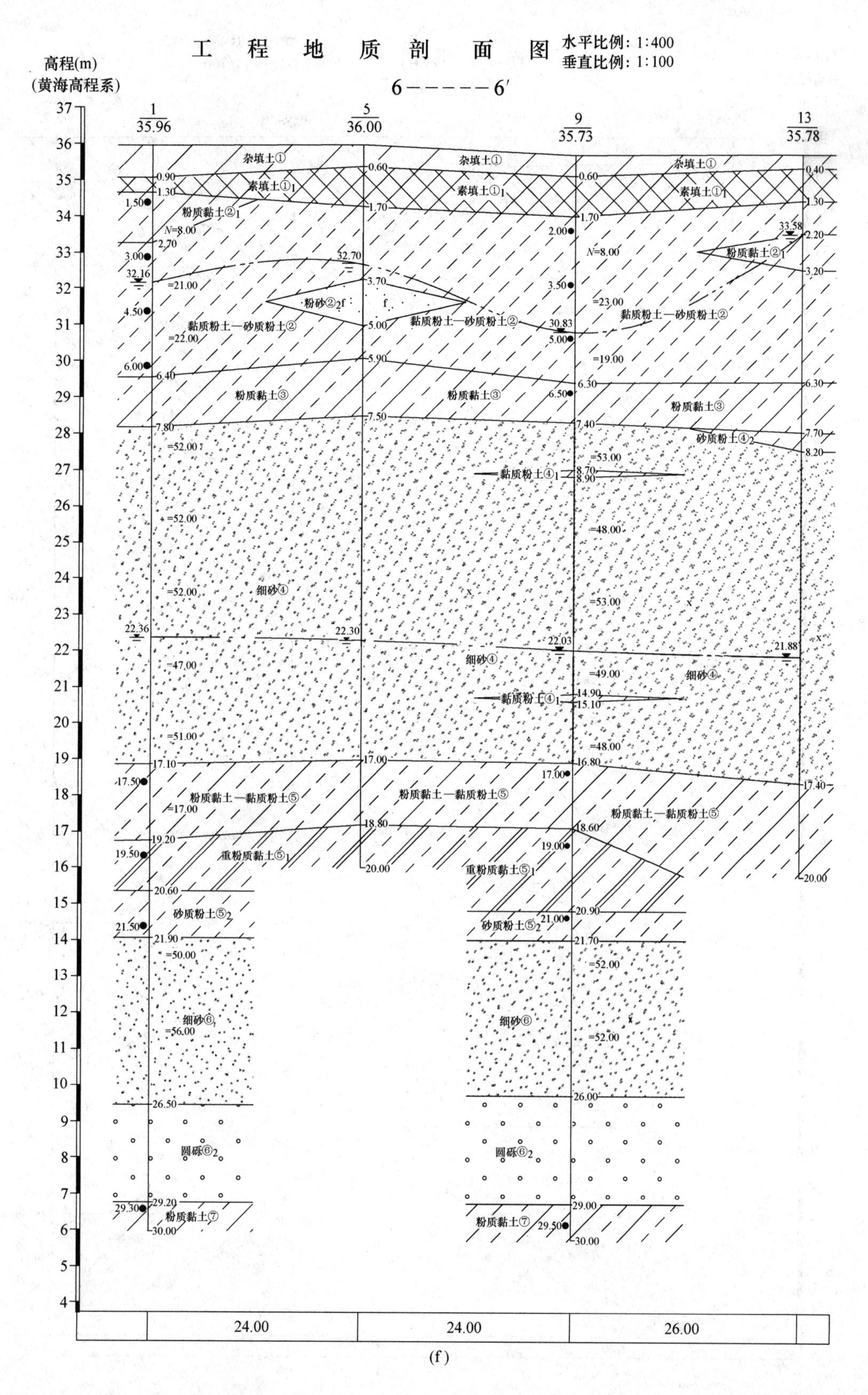
工　程　地　质　剖　面　图
水平比例：1:400
垂直比例：1:100
6——————6′
高程(m)
(黄海高程系)
1
35.96
5
36.00
9
35.73
13
35.78
杂填土①
素填土①1
粉质黏土②1
粉砂②2
黏质粉土—砂质粉土②
粉质黏土③
砂质粉土④2
黏质粉土④1
细砂④
粉质黏土—黏质粉土⑤
重粉质黏土⑤1
砂质粉土⑤2
细砂⑥
圆砾⑥2
粉质黏土⑦
24.00
24.00
26.00

(f)

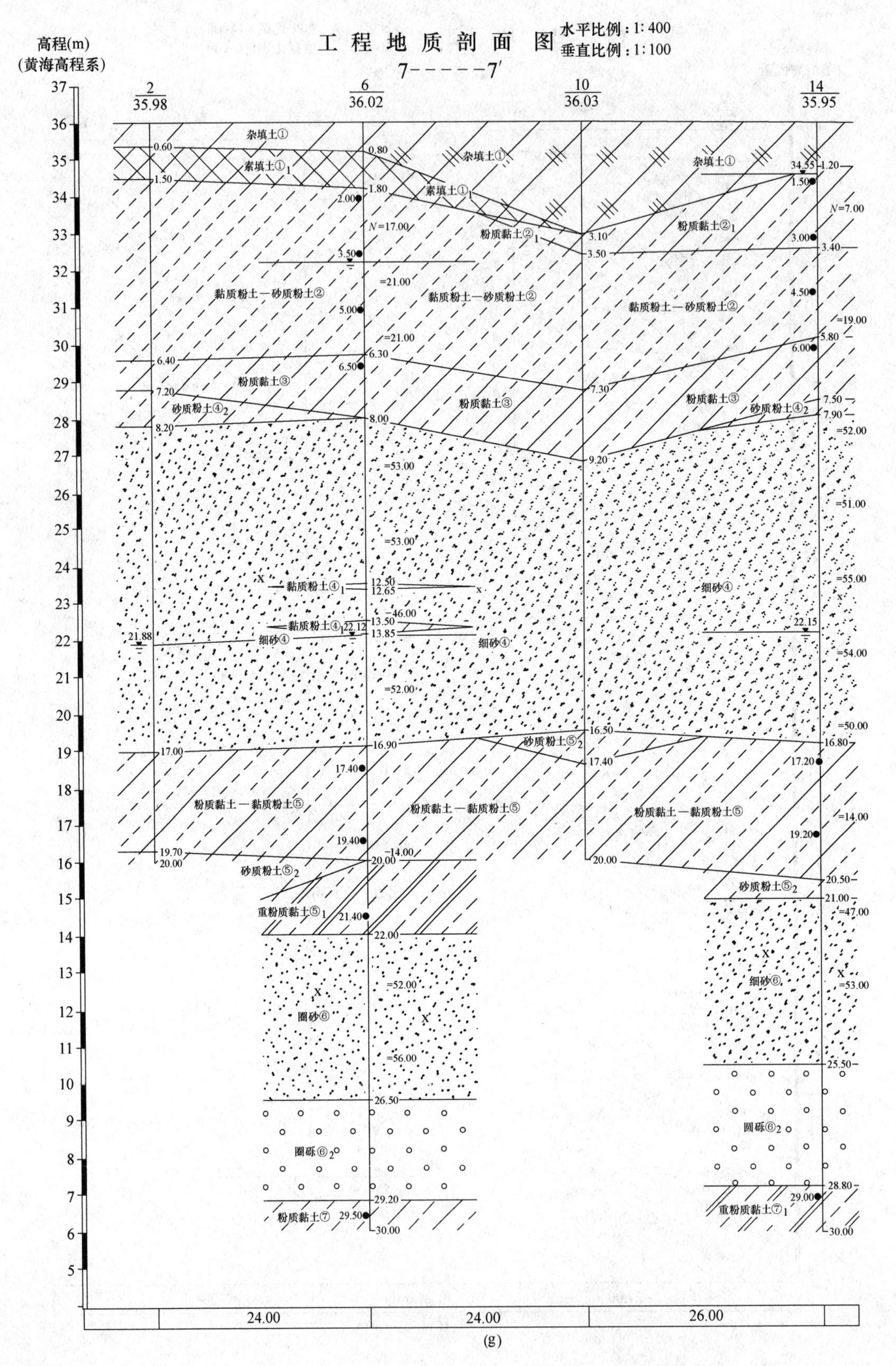
工程地质剖面图
水平比例：1∶400
垂直比例：1∶100
7－－－－－7′
高程(m)
(黄海高程系)
2
35.98
6
36.02
10
36.03
14
35.95
杂填土①
素填土①1
粉质黏土②1
黏质粉土—砂质粉土②
粉质黏土③
砂质粉土④2
黏质粉土④1
细砂④
砂质粉土⑤2
粉质黏土—黏质粉土⑤
重粉质黏土⑤1
圆砂⑥
细砂⑥
圆砾⑥2
粉质黏土⑦
重粉质黏土⑦1
24.00
24.00
26.00
(g)

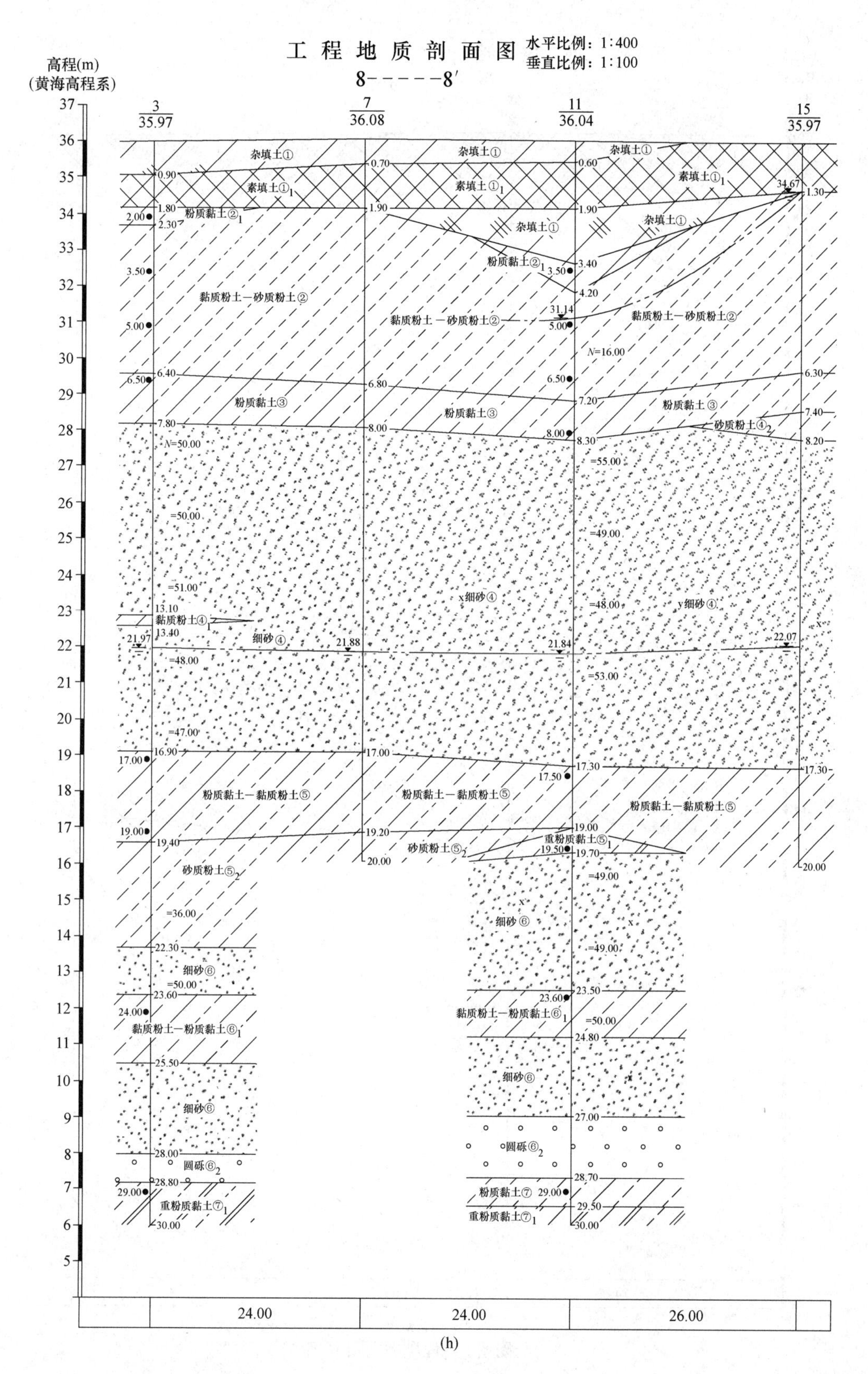
工程地质剖面图
水平比例：1:400
垂直比例：1:100
8------8′
高程(m)
(黄海高程系)
3
35.97
7
36.08
11
36.04
15
35.97
杂填土①
素填土①1
粉质黏土②1
黏质粉土—砂质粉土②
粉质黏土③
砂质粉土④2
细砂④
黏质粉土④1
粉质黏土—黏质粉土⑤
重粉质黏土⑤1
砂质粉土⑤2
细砂⑥
黏质粉土—粉质黏土⑥1
圆砾⑥2
粉质黏土⑦
重粉质黏土⑦1
N=16.00
N=50.00
21.97
21.88
21.84
22.07
31.14
34.67
24.00
24.00
26.00
(h)

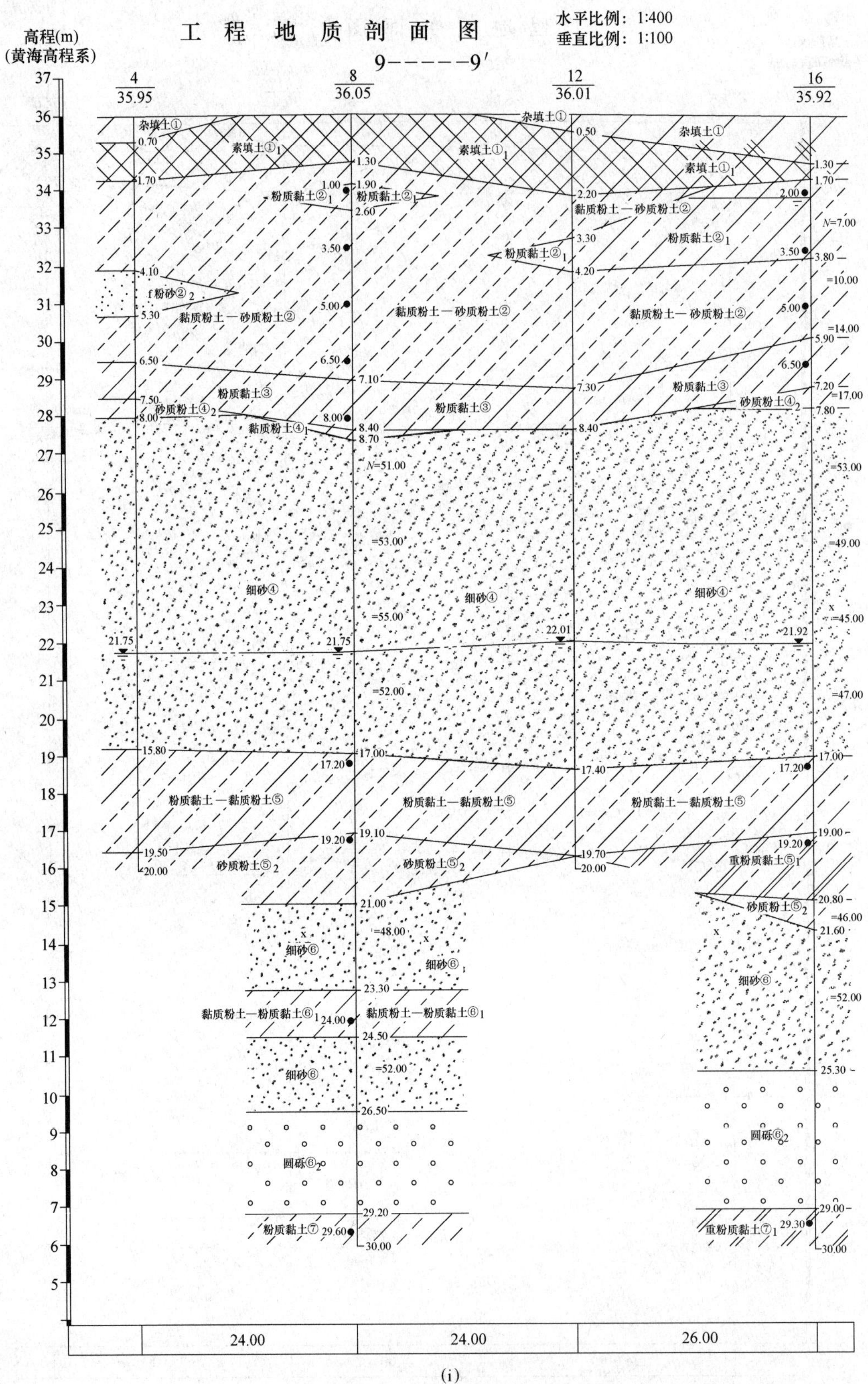
工　程　地　质　剖　面　图
水平比例：1:400
垂直比例：1:100
高程(m)
(黄海高程系)
9——9′
4
35.95
8
36.05
12
36.01
16
35.92
杂填土①
素填土①1
粉质黏土②1
黏质粉土—砂质粉土②
粉砂②2
粉质黏土③
砂质粉土④2
黏质粉土④1
细砂④
粉质黏土—黏质粉土⑤
砂质粉土⑤2
重粉质黏土⑤1
细砂⑥
黏质粉土—粉质黏土⑥1
圆砾⑥2
粉质黏土⑦
重粉质黏土⑦1
21.75
22.01
21.92
24.00
24.00
26.00

(i)

附图 2　地质剖面图

附表 1

物理力学指标统计表

工程名称：北京工业大学学生综合服务中心　　　　工程编号：2009-389

岩土编号	岩土名称	统计项目	质量密度 ρ(g/cm^3)	天然含水率 ω(%)	土粒相对密度 G_s	天然孔隙比 e	饱和度 S_r(%)	液限 ω_L(%)	塑限 ω_P(%)	液性指数 I_L	塑性指数 I_P	直剪 内摩擦角	直剪 黏聚力	自重压力 P_0(kPa)	压缩模量 $E_{sP0-0.1}$	压缩模量 $E_{sP0-0.2}$	黏粒含量(%)	标贯击数 N(击/30cm)	标贯修正击数 N(击/30cm)	承载力标准值 f_k(kPa)	桩的极限端阻力标准值 q_{pk}(kPa)	桩的极限侧阻力标准值 q_{sk}(kPa)	备注
1-0-0	杂填土	统计个数																					
		最大值																					
		最小值																		—	—	—	
		平均值	1.80									10	0										
		变异系数	（经验值）									（经验值）											
1-1-0	素填土	统计个数																					
		最大值																					
		最小值																		80	—	—	
		平均值	1.90									10	10										
		变异系数	（经验值）									（经验值）											
2-0-0	黏质粉土—砂质粉土	统计个数	22	23	23	22	22	23	23	23	23	10	10	21	21	21	8	13	13				
		最大值	2.06	22.8	2.70	0.735	95.3	28.3	18.7	0.87	9.6	30.0	28.0	100.0	16.70	19.80	12.0	23.0	21.6				
		最小值	1.65	6.4	2.69	0.574	23.4	21.5	15.5	−1.52	6.0	20.0	18.0	25.0	5.50	7.10	5.0	8.0	6.9	160	—	50	
		平均值	1.97	19.8	2.69	0.639	84.3	24.3	17.3	0.36	7.0	26.1	22.4		9.42	11.44	7.3	17.2	15.8				
		变异系数	0.046	0.177	0.002	0.064	0.198	0.065	0.047	1.341	0.157	0.151	0.191		0.336	0.311	0.367	0.276	0.301				
2-1-0	粉质黏土	统计个数	7	7	7	7	7	7	7	7	7	4	4	7	7	7		3	3				
		最大值	2.01	29.6	2.72	0.882	97.9	37.5	23.7	0.57	15.9	18.0	36.0	50.0	6.70	7.90		8.0	7.2				
		最小值	1.86	20.9	2.71	0.630	89.7	28.0	17.7	0.18	10.3	15.0	32.0	25.0	3.30	4.50		7.0	6.1	120	—	45	
		平均值	1.96	25.8	2.71	0.738	94.8	33.6	20.7	0.40	12.9	16.8	34.3		4.46	5.63		7.3	6.6				
		变异系数	0.027	0.115	0.001	0.100	0.038	0.105	0.103	0.360	0.137				0.278	0.229							

续表

工程名称：北京工业大学学生综合服务中心																		工程编号：2009-389					
岩土编号	岩土名称	统计项目	质量密度 ρ(g/cm^3)	天然含水率 ω(%)	土粒相对密度 G_s	天然孔隙比 e	饱和度 S_r(%)	液限 ω_L(%)	塑限 ω_P(%)	液性指数 I_L	塑性指数 I_P	直剪 内摩擦角	直剪 黏聚力	自重压力 P_0(kPa)	压缩模量 $E_{sP0-0.1}$	压缩模量 $E_{sP0-0.2}$	黏粒含量(%)	标贯击数 N(击/30cm)	标贯修正击数 N(击/30cm)	承载力标准值 f_k(kPa)	桩的极限端阻力标准值 q_{pk}(kPa)	桩的极限侧阻力标准值 q_{sk}(kPa)	备注
2-2-0	粉砂	统计个数																1	1	160	—	50	
		最大值													20			31.0	29.2				
		最小值													15			31.0	29.2				
		平均值	1.95									25	0		（经验统计值）			31.0	29.2				
		变异系数	（经验值）									（经验值）											
3-0-0	粉质黏土	统计个数	8	8	8	8	8	8	8	8	8	2	2	8	8	8				150	—	45	
		最大值	2.03	29.7	2.71	0.850	98.0	36.4	22.6	0.62	13.8	18.0	34.0	150.0	10.40	12.70							
		最小值	1.90	22.8	2.71	0.647	93.8	29.1	17.8	0.37	11.2	15.0	32.0	100.0	4.30	5.40							
		平均值	1.98	25.4	2.71	0.721	95.5	31.7	19.1	0.50	12.6	16.5	33.0		5.85	7.08							
		变异系数	0.022	0.096	0.000	0.098	0.015	0.069	0.083	0.180	0.063				0.325	0.329							
4-0-0	细砂	统计个数																38	38	180	850	55	
		最大值													25			55.0	50.3				
		最小值													20			45.0	37.6				
		平均值	2.00									28	0		（经验统计值）			50.6	44.8				
		变异系数	（经验值）									（经验值）						0.053	0.071				
5-0-0	粉质黏土—黏质粉土	统计个数	10	10	10	10	10	10	10	10	10			10	10	10	1	3	3	180	—	60	
		最大值	2.12	22.5	2.71	0.649	97.2	31.8	18.9	0.46	13.7			300.0	19.70	20.80	11.0	17.0	13.2				
		最小值	2.01	18.2	2.70	0.505	89.8	24.7	17.5	0.03	7.2			200.0	4.40	5.30	11.0	14.0	9.5				
		平均值	2.05	20.3	2.70	0.588	93.4	27.6	18.1	0.23	9.5				13.13	14.01	11.0	15.0	10.9				
		变异系数	0.017	0.073	0.002	0.074	0.031	0.085	0.022	0.587	0.226				0.344	0.322							

续表

工程名称:北京工业大学学生综合服务中心																			工程编号:2009-389				
岩土编号	岩土名称	统计项目	质量密度 ρ(g/cm^3)	天然含水率 ω(%)	土粒相对密度 G_s	天然孔隙比 e	饱和度 S_r(%)	液限 ω_L(%)	塑限 ω_P(%)	液性指数 I_L	塑性指数 I_P	直剪		自重压力 P_0(kPa)	压缩模量		黏粒含量(%)	标贯击数 N(击/30cm)	标贯修正击数 N(击/30cm)	承载力标准值 f_k(kPa)	桩的极限端阻力标准值 q_{pk}(kPa)	桩的极限侧阻力标准值 q_{sk}(kPa)	备注
												内摩擦角	黏聚力		$E_{sP0-0.1}$	$E_{sP0-0.2}$							
5-1-0	重粉质黏土	统计个数	5	5	5	5	5	5	5	5	5			5	5	5							
		最大值	1.91	33.5	2.73	0.942	96.7	40.1	24.4	0.61	17.8			325.0	16.60	16.90							
		最小值	1.85	28.8	2.72	0.834	90.2	37.0	21.4	0.44	15.3			300.0	7.80	8.80				180	—	55	
		平均值	1.88	31.2	2.72	0.904	93.9	38.8	22.5	0.53	16.3				11.76	12.44							
		变异系数																					
5-2-0	砂质粉土	统计个数	3	3	3	3	3	3	3	3	3			2	2	2		2	2				
		最大值	2.10	19.8	2.69	0.587	91.4	23.3	16.9	0.45	6.7			325.0	33.50	38.50		46.0	39.0				
		最小值	2.03	15.9	2.69	0.497	83.3	21.8	15.8	0.02	6.0			300.0	20.70	20.80		36.0	27.8	200	—	60	
		平均值	2.06	17.5	2.69	0.532	88.5	22.5	16.2	0.21	6.4				27.10	29.65		41.0	33.4				
		变异系数																					
6-0-0	细砂	统计个数																14	14				
		最大值													45			56.0	45.9				
		最小值													35			47.0	36.8	230	900	60	
		平均值	2.00												（经验统计值）			51.2	41.7				
		变异系数	（经验值）															0.052	0.065				
6-1-0	黏质粉土—粉质黏土	统计个数	3	3	3	3	3	3	3	3	3			3	3	3		1	1				
		最大值	2.04	24.7	2.71	0.690	97.1	32.8	20.2	0.43	12.8			350.0	18.90	18.90		50.0	40.6				
		最小值	1.98	19.8	2.70	0.610	84.4	24.2	17.1	0.08	7.1			325.0	12.50	13.20		50.0	40.6	200	—	60	
		平均值	2.01	21.9	2.71	0.645	91.9	29.7	18.8	0.30	10.8				15.30	15.87		50.0	40.6				
		变异系数																					

续表

工程名称:北京工业大学学生综合服务中心　　　　工程编号:2009-389

岩土编号	岩土名称	统计项目	质量密度 ρ(g/cm^3)	天然含水率 ω(%)	土粒相对密度 G_s	天然孔隙比 e	饱和度 S_r(%)	液限 ω_L(%)	塑限 ω_P(%)	液性指数 I_L	塑性指数 I_P	直剪		自重压力 P_0(kPa)	压缩模量		黏粒含量(%)	标贯击数 N(击/30cm)	标贯修正击数 N(击/30cm)	承载力标准值 f_k(kPa)	桩的极限端阻力标准值 q_{pk}(kPa)	桩的极限侧阻力标准值 q_{sk}(kPa)	备注
												内摩擦角	黏聚力		$E_{sP0-0.1}$	$E_{sP0-0.2}$							
6-2-0	圆砾	统计个数																		280	1200	80	
		最大值													55								
		最小值													45								
		平均值	2.10												(经验统计值)								
		变异系数	(经验值)																				
7-0-0	粉质黏土	统计个数	5	5	5	5	5	5	5	5	5			5	5	5				—	—	—	
		最大值	2.09	23.3	2.71	0.714	96.2	34.0	21.4	0.18	13.8			400.0	23.60	23.70							
		最小值	1.95	16.9	2.71	0.516	88.5	27.9	17.7	−0.08	10.2			375.0	9.20	9.80							
		平均值	2.04	20.5	2.71	0.604	92.1	31.1	19.1	0.11	12.0				17.76	18.12							
		变异系数																					
7-1-0	重粉质黏土	统计个数	3	3	3	3	3	3	3	3	3			3	3	3				—	—	—	
		最大值	1.85	33.7	2.72	0.968	94.9	42.4	25.5	0.55	16.9			375.0	13.60	14.00							
		最小值	1.82	29.9	2.72	0.910	89.1	38.5	22.0	0.48	15.7			375.0	11.00	11.80							
		平均值	1.84	31.8	2.72	0.948	91.1	39.9	23.5	0.51	16.4				12.43	13.13							
		变异系数																					

附录二

北京工业大学

工程地质实习报告

学生姓名	
学　　号	
日　　期	
小组其他成员	
成　　绩	

附录三

常见岩石的花纹符号

砂砾石
黏土
人工堆积
砾岩
砂砾岩
石英砾岩
砂岩
长石质砂岩
长石石英砂岩
碎屑砂岩
复成分砂岩
泥质砂岩
页岩
灰岩
泥质灰岩
硅质灰岩
白云质灰岩
生物碎屑灰岩
条带状灰岩
竹叶状灰岩

豹皮状灰岩
砂质泥灰岩
白云岩
硅质岩
辉绿岩
闪长岩
石英闪长岩
花岗闪长岩
花岗岩
煌斑岩
板岩
砂质板岩
炭质板岩
红柱石板岩
千枚岩
片岩
二云片岩
绿泥片岩
红柱片岩
榴云片岩

硬绿云母片岩
片麻岩
角闪斜长片麻岩
浅粒岩
变粒岩
变质砂岩
石英岩
斜长角闪变粒岩
角岩
硬绿石角岩
红柱石角岩
硅灰石大理岩
大理岩
透闪石大理岩
阳起石大理岩
透灰石大理岩
透灰石硅灰石大理岩
构造角砾岩
糜棱岩
混合岩

主要参考文献

[1] 姚爱军. 工程地质实习指导书（内部教材)[Z]. 北京：北京工业大学，2012—2019.

[2] 赵温霞. 周口店地质及野外地质工作方法与高新技术应用［M］. 北京：中国地质大学出版社，2012.

[3] 《工程地质手册》编委会. 工程地质手册［M］. 5版. 北京：中国建筑工业出版社，2018.

[4] 石振明，曹雨. 工程地质学［M］. 3版. 北京：中国建筑工业出版社，2018.

[5] 中华人民共和国建设部. 岩土工程勘察规范（2009年版)：GB 50021—2001［S］. 北京：中国建筑工业出版社，2009.

[6] 中华人民共和国住房和城乡建设部. 复合地基技术规范：GB/T 50783—2012［S］. 北京：中国计划出版社，2012.

[7] 中华人民共和国住房和城乡建设部. 建筑地基处理技术规范：JGJ 79—2012［S］. 北京：中国建筑工业出版社，2012.

[8] 中华人民共和国住房和城乡建设部. 建筑地基检测技术规范：JGJ 340—2015［S］. 北京：中国建筑工业出版社，2015.

[9] 中华人民共和国住房和城乡建设部. 建筑地基基础设计规范：GB 50007—2011［S］. 北京：中国建筑工业出版社，2011.

[10] 张有良. 最新工程地质手册［M］. 北京：知识出版社，2006.

[11] 中华人民共和国住房和城乡建设部. 工程勘察通用规范：GB 55017—2021［S］. 北京：中国建筑工业出版社，2021.

[12] 中华人民共和国住房和城乡建设部. 核电厂抗震设计标准：GB 50267—2019［S］. 北京：中国计划出版社，2019.

[13] 中华人民共和国住房和城乡建设部. 建筑抗震设计规范（2016年版)：GB 50011—2010［S］. 北京：中国建筑工业出版社，2016.

[14] 刘新荣，刘永权，杨忠平，等. 基于地质雷达的隧道综合超前预报技术［J］. 岩土工程学报，2015，37（S2)：51-56.

[15] 北京塞斯米克地震科技发展中心. 门头沟城子地区集中供热暨资源整合热源工程场地地震安全性评价报告［R］. 2013.

[16] 孙英韬. 大直径环型桩竖向承载力学性能研究［D］. 北京：北京工业大学，2022.